U0193322

包装作品
年鉴
2022
2023

包联网
组织编写

文化发展出版社
Cultural Development Press
·北京·

图书在版编目（CIP）数据

包装作品年鉴 . 2022—2023 / 包联网组编 . — 北京：文化发展出版社，2023.10
ISBN 978-7-5142-4017-5

Ⅰ. ①包… Ⅱ. ①包… Ⅲ. ①包装设计 - 中国 - 2022—2023 - 年鉴 Ⅳ. ①TB482-54

中国图书版本馆CIP数据核字（2023）第194616号

编委会成员：（排名不分先后）

崔庆斌　陈　嵘　邓雄波　范　纯　冯建军　桂旺松　黄国洲　胡　宝　姜国政　Katsunori Nishi　陆俊毅
李松涛　李铭钰　梅竞放　Sommchhana Kangwanjit　王炳南　夏　科　严一民　姚　微　杨　琪　张羿正南

总　策　划： 严一民　李松涛
装 帧 设 计： 田丽杰

协 同 单 位： 上海智料文化传播有限公司

由于作品数量众多，如发现有误，敬请谅解，并望指正。

包装作品年鉴 2022—2023
包联网组织编写

出 版 人：宋　娜
责任编辑：李　毅　　　　　责任校对：侯　娜
责任印制：邓辉明　　　　　封面设计：韦思卓
出版发行：文化发展出版社（北京市翠微路2号 邮编：100036）
发行电话：010-88275993　010-88275710
网　　址：www.wenhuafazhan.com
经　　销：全国新华书店
印　　刷：上海艾登印刷有限公司
开　　本：787mm×1092mm　1/16
字　　数：200千字
印　　张：28
版　　次：2023年11月第1版
印　　次：2023年11月第1次印刷
定　　价：368.00元
Ｉ Ｓ Ｂ Ｎ：978-7-5142-4107-5

Fedrigoni 成立于 1888 年，如今是用于奢侈品包装的高附加值纸张、不干胶标签和材料以及其他创造性解决方案提供商中的典范。集团在 28 个国家拥有 5000 多名员工，25000 多种产品。产品在 132 个国家销售和分销。此外，由于最近的收购，集团在奢侈品包装专用纸和葡萄酒标签领域引领全球，在艺术和设计纸领域位居全球第二，在高级不干胶材料领域位居全球第三。纸张事业部包括 Cordenons 集团、历史悠久的 Fabriano 品牌、Éclose（自 2021 年 11 月起）、Guarro Casas（自 2022 年 10 月起）、Papeterie Zuber Rieder（自 2022 年 12 月起）；不干胶事业部包括 Arconvert，Manter，Ritrama（自 2020 年 2 月起）、IP Venus（自 2020 年 12 月起）。美国分销商 GPA 也是集团的一部分。

更多资讯，请访问：www.fedrigoni.com

李眆崵 15021886874
E-mail：franc.li@fedrigoni.com
微信：FedrigoniChina

高端礼品铁盒制造商
High End Gift Box Manufacturer

佳信制罐

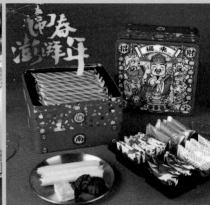

东莞市佳信制罐有限公司
V-Tin box (DongGuan)Co.,Ltd.
地址/Add：东莞市中堂镇北潢公路旁三涌入口

湖北佳金制罐有限公司(湖北分厂)
V-Tin box (DongGuan)Co.,Ltd
地址/Add：湖北省孝感市孝昌开发区华阳大道

电话/Tel：0769-88811163　　88888292
传真/Fax：0769-88811136
电邮/E-mail：sales@v-tin.cn
网址：www.v-tin.cn

艾利丹尼森公司是一家全球性的材料科学、数字识别以及追踪与追溯解决方案企业，为全球食品零售、饮料酒水、快消品牌提供创新的包装标签解决方案。公司的产品包括压敏材料无线射频识别 (RFID) inlay 和服装吊牌。

高端化与差异化

不干胶标签材料中优雅的纹理和高端的性能，与创意标签设计相结合，能够增添包装的高级感和品质感，满足品牌对包装高端化和差异化的需求。

此外，不干胶标签在透明包装领域的应用，具有特色上的优势。在展现产品理念的同时，通过个性化局部贴标，能让品牌方或包装设计师对产品透明度达到极致追求。让消费者吃着放心，买着安心。同时不干胶标签可满足小批量生产需求，是快消行业应用的主流标签技术。

数字化与可持续

艾利丹尼森一直在深耕数字化领域，并为世界领先的品牌及零售商提供服务。艾利丹尼森为超过 100 亿件服装成功插上了数字化的翅膀，为消费者带来与众不同的个性化消费体验。RFID 标签为消费者创造令人满意的全渠道购物体验，同时让产品和消费者之间有更多的互动，增强了品牌体验感。

向绿而生，可持续化包装是大势所趋。在这个方面，艾利丹尼森从未停下脚步。通过使用含回收成分材料、减少材料使用量和负责任的采购等方式，艾利丹尼森得以实现为产品减碳，帮助品牌实现其可持续发展目标。

创新与功能性

功能性"黑科技"让包装更加百变，艾利丹尼森在标签技术上持续创新，让传统的包装标签有了更多可能性。艾利丹尼森可提供覆盖不同场景的特殊功能标签，如在冷链食品上应用的低温标签，在食品、湿巾包装上使用的可重贴标签，在酒类奢侈品上应用的防伪追溯标签等。

戚晓利 / 市场开发经理 / 18915758123
上海市徐汇区虹梅路 1801 号新业园宏业大厦 5 楼
E - mail：alice.zhang1@ap.averydennison.com
微信：averydennison2013

CYP
FINE PAPERS

艺术纸
个性定制
以质感演绎
生活品质

如树以根蔓延，由 1958 年创立的手工纸坊开启了纸的家族连接。

CYP 艺术纸，是上海长谊新材料的独立事业部，专注艺术纸研发与生产，拥有自主研发团队，丰富的色彩库与个性化生产系统。作为全球高端艺术纸生产商，CYP 艺术纸致力于传递有温度有质感的美好体验，不断创造独特的纸张触感与色彩。旗下自营品牌、进口品牌、个性化定制服务，为客户提供多元创意的材料解决方案。

总部 / 工厂
021-62113737
上海市宝山区丰翔路 1369 号

在微信中搜索"CYP 艺术纸" 添加公众号互动

生产

研发

定制

品质

和纸，何止
乐活，体验

和纸乐活，是日本百年特种纸生产商特种东海制纸 (TTP) 与上海长谊新材料 (CYP) 携手为中国市场打造的高端特种纸品牌。

为寻找贴近中国用户审美与使用习惯，且具有东方文化特色的纸张，和纸乐活走访上海、北京、深圳、广州、西安、成都、厦门各地，探索这些城市历史人文与现代化的一面，汲取灵感以作纸张研发素材。至今已推出玄宙纸、草木纸等七款各具特色的纸张，广受出版、包装等各领域品牌商与设计师的喜爱。

和纸乐活的研发，采用了特种东海制纸全新的技术与工艺，致力与各业品牌商与设计师深度交流与合作，持续探索打造有趣新鲜的纸品，传达环保快乐的生活理念。

茶叶铁罐——国茗系列

千锤百炼而成器的手敲锤纹(起源于唐代);南宋刘松年的《十八学士图》(画风笔精墨妙,清丽严谨,设色典雅),两者均具厚重的历史沉淀。具有神韵相辉映的国匠情怀。罐子造型厚重大气,简约又不失灵动之美。

无锡文教印务有限公司
WUXI WENJIAO PRINTING & PACKAGE CO.,LTD.

无锡文教印务有限公司成立于 1974 年，总部位于中国江苏省无锡市，是江苏省无锡市锡山区印刷协会会长单位。拥有悠久的食品，特别是酒类包装专业化服务历史、丰富的市场经验以及完备的服务资质。

无锡文教印务有限公司是五粮液集团、今世缘酒业、苏酒集团、丰联集团、金东集团等国内知名酒品牌的酒包供应商，还是广州酒家集团、五芳斋、北京稻香村、上海杏花楼、桃李等国内知名食品品牌的礼盒包装供应商，在包装市场占据一席之地。

同时文教印务不断致力于履行企业社会责任，对环境保护遵循可回收再利用、可循环或达到国家环保标准的相关排放标准政策，得到了各方面高度评价。

☎ 13382230377 周经理　15052229502 华经理

📍 江苏省无锡市锡山区青虹路15号

🌐 http://www.wenjoo.com

客户至上　人才为本

持续创新　协作共赢

WENJOO

无锡文教印务有限公司

前 言

《包装作品年鉴 2022—2023》作为收录当下具有一定代表性的商业包装设计的作品集，是包联网自 2015 年以来组织编写的《包装作品年鉴》系列的又一次改版升级。本年鉴在内容编排方面做了优化，根据读者建议增加了创作者的设计理念，是一本融合商业包装设计师创新思维以及可以与作者进行交流的信息宝典。

本年鉴适合需要有效提升包装设计、开发质量，达到商业目标的品牌商；适合希望了解不同地区实力，渴望增强同行技术交流的商业设计师；也适合需要提升教学质量或对接专业成果的院校教育工作者；以及适合想成为合格商业包装设计师，了解职业方向的学生。本年鉴还适合希望将业务拓展从包装采购端前移到设计、开发端的包材、工艺企业，以及所有热爱、关心包装设计、开发的相关人员。

新冠疫情之前，品牌商的包装设计、开发常常会追随市场流行趋势，这在消费活跃的市场背景下，是一个有效的做法。然而 2023 年以来，消费场景发生了变化，这种做法存在一定风险。这是因为追随趋势意味着市场上将会出现第三家、第四家，甚至更多的具备同质化风格的产品包装。经验丰富的包装工作者已经敏锐地发现：这种市场背景下追随趋势意味着某种程度的从众，意味着削弱品牌资产，为产品的销售带来极大的滞销风险。

我们不建议当下包装过多地关注流行趋势。正所谓危中有机，对于新、老品牌来说，应该沉淀下来，深耕专属品牌形象。这是建立包装体系的最佳时机。纵观品牌包装设计史，那些深入消费者心中，具备独特视觉辨识度，拥有旺盛生命力的经典产品包装形象，多数是在时代大变局下诞生的。

作为品牌包装工作者，在新品包装的设计、开发方面，如何找到适合自己需求的专业伙伴？这里抛开概念型和小范围试验为目的的包装设计，我们认为首先要明白包装设计的需求目的，是用于大批量基本款产品的销售，还是作为引发话题，降低广告推广费用的营销手段，或是要用于运输和物流？根据包联网的分类方法，从包装需求目的来说可分为三种主要类别：品牌型包装、营销型包装和物流型包装。

其中，"品牌型包装"的重点是强化消费者对产品功能的认知和对系统化品牌形象的识别，这类包装常应用于大批量的基本款产品上。"营销型包装"则往往可以节省产品的广告和推广开支，其表现形式更加艺术化、美观化，材质、工艺应用多样化以及有较高的成本投入，话题性十足，这类包装通常伴随着设计师的某种风格，被消费者关注。"物流型包装"是将产品或服务安全送到消费者手中的载体，往往更偏重环保，并以科学性和严谨性为特征。

一个合格的品牌包装工作者，往往擅长在整合的品牌架构思维下，分类施策进行设计。会以视觉统一、辨识度强的品牌型包装为根基；以上升到艺术、美学体验层面的营销包装为手段；以科学、安全的物流包装为途径，将具有完美观感体验的产品送到消费者手中。一个好的品牌包装工作者，不会在三者的识别上犯错误，这也是优秀品牌包装工作者所具备的特质，否则极易产生叫好不叫卖的包装。

分清了包装设计、开发的目的，就可以根据不同的需求，在本书中找到适合自己的设计解决方案。避免对品牌、成本、市场、时间等造成不必要的损失。

当前，智能 AI 技术快速发展，在品牌包装设计、开发方面，不可避免地会影响到多数从业者，按照帕累托法则，不久的将来，停留在平面视觉表现层的品牌包装设计工作者将会被大量淘汰。而具有环境适应能力和专业方法驾驭能力的，有策略的品牌包装设计工作者将会被留下，且更加稀缺。我们相信，这样的人才在本书中为数不少，值得读者交流与合作。

最后，特别感谢与本书内容收录相关的优秀品牌商、设计机构、相关专家对包联网的无私奉献与支持。感谢文化发展出版社对包装设计、开发事业的一贯支持。鉴于该书的专业性质，书中难免出现错误的地方，恳请读者能够谅解并指正，以便我们在后续的组织编写工作中不断提升内容品质。

如需联系，并与本书收录案例创作者进行交流，可手机登录"包联网"微信小程序，或"包联网"APP，通过"作品年鉴"获取相关资料。（人工协助请联系微信：PKGLee）

包联网推荐组委会

严一民　李松涛

目 录

念相品牌咨询 ······ 2

奎燕品牌创新社 ······ 8

屹涛创意设计（interdesign） ······ 14

东方好礼（EASTHOOOLY） ······ 18

锐品牌（RUI） ······ 20

蓝色盛火（AB.Lab） ······ 24

三松品牌策划 ······ 28

上海上鳍（SUMVISUAL） ······ 32

思湃品牌（Spark Branding） ······ 34

摩研品牌创意 ······ 38

麟气创意（RINCH） ······ 40

世贝品牌设计 ······ 42

禾作文创 ······ 44

五克氮²创意设计 ······ 47

浅行创意（Qinsight） ······ 52

秦伟设计 ······ 54

贤草品牌战略营销咨询 ······ 56

COSONE ······ 62

GRAND DESIGN 鼓蓝都美术设计 ······ 64

高琛创意 ······ 68

佑道创意（YUDO） ······ 71

三人行 ······ 76

三棵树 ······ 80

汎羽 ······ 84

东方包装 ······ 88

敦阜形象策略 ······ 90

渥得设计 ······ 92

百绘设计 ······ 94

元创力设计 ······ 96

一本设计工作室 ······ 98

驭墨坊专业设计 ······ 100

三乐设计 ······ 101

御成设计 / 艾得彼设计工作室 ······ 102

楹峰视觉设计 ······ 104

Pearlfisher ······ 108

Production Type ······ 114

杰荻礼奥（JDO） ······ 118

Prompt Design ······ 122

Workbyworks 工作室 ······ 128

言吾言视觉设计（D-TALK） ······ 130

五芳斋 ······ 132

巴顿品牌咨询与设计 ······ 134

梅竞放品牌设计 ······ 136

帕特广告（PARTNER） ······ 142

热浪品牌策划······146

海拍客品牌设计中心（HIDL）······152

37° DESIGN······154

善工设计······158

酒重天酒业······160

焕象创意······163

造趣设（Fun Design）······166

古格王朝······168

九田品牌设计（9TIAN）······172

费戈品牌设计（FIGO）······174

72LAB······176

李宏斌······178

红方印创意机构······179

左道设计······182

无非品牌······184

穆怀祺品牌设计······187

澜帝品牌设计（LITETE）······188

北京博创设计（BOFLY）······192

臻观设计（Perfect Point Design）······196

紫珊营销······198

东方尚 / 刘天亮工作室······200

布谷品牌······202

西林设计······204

楷意品牌设计顾问······207

灵智品牌策划······210

长伟设计（CHANGWEI）······212

晏钧设计······214

盒气（HEQI）······216

BAI Brand······220

言森创意······223

睿伯浩意······226

盒立方······230

丰·品牌设计······234

潘艺夫设计······236

千域设计······239

梵茶计······242

叁布品牌设计（SANBU）······244

璞梵创意······246

广维创意设计······249

立木斤设计······252

高鹏设计团队······254

三足鸟品牌策划······258

邢者品牌创意······260

力莱包装设计······262

优孚品牌（UFObranding）·················265

力郡品牌策划（LIJUNBRAND）·············268

卫高创意（VEIKAO）····················270

自白设计（ZBD）······················274

和氏璧设计··························276

大鱼向上品牌设计·····················278

乘沁堂品牌策划·······················281

刚奇创变（CONZ）····················284

天问品牌管理机构·····················288

严选品牌设计························292

文道营销策划·······················294

TUSHI DESIGN·····················296

汤臣杰逊品牌新策略···················300

艾地广告·························304

ONE 里创意设计····················309

点--品牌设计（DOTONE）···············312

段高峰设计·························314

佳简几何（XIVO）····················320

甲古文创意························326

香橙壹品牌（Orange One）···············332

张晓宁文化创意·····················336

飞人谷营销策划·····················338

卓上品牌设计·······················344

龙图创意（LOTO）····················350

凌云创意·························352

林韶斌品牌设计·····················358

八马茶业·························364

正解包装设计·······················366

潘虎设计实验室·····················368

新礼记（BOB）······················374

醒狮品牌·························378

品赞设计·························380

木头猫插画设计·····················384

在水一方·························386

大天朝品牌策划·····················390

匠心人品牌策划·····················392

何乐不为设计（WhyNotDesign）············396

符号创意机构·······················400

作品分类索引························405

包装作品年鉴 2022 2023

产品 · 是品牌的延续与证据

消费者如何识别无形的品牌？需要通过有形的产品或可体验的服务。感知其身份的延续是会被消费者首先衡量的部分，这意味着单一的产品竞争思维所导致的结果——不断地在商品间堆砌功能性符号与价值感，只会催生着一个又一个没有灵魂的货物罢了。

在塑造商品时，我们应当交付的是基于品牌身份而延伸的"关系"营造。在这段"关系"中，基础功能与商业命题交付之余，我们更应赋予产品充分的品牌延展意义：使其代表着一款体验优良的商品，一个引起共鸣的身份标签，一个立体的、富有意义的品牌意识图腾。

"产品价值构建"项目的意义也在于此：我们通过严谨的商业竞争分析以锚定"品类竞争机会"，明确品牌身份所设立的"构建创意命题"，并通过成熟的商业化平面设计、产品工业设计及数字化视觉营销设计的综合能力，将品牌的核心价值要素协同一致地落实到产品交互的各个层面——"从知悉到购买，每一步都在延续着品牌的价值。"

—— 念相

花戎 FLORAL AND FIRM

花戎是一个对潮流文化保持敏锐嗅觉的娱乐化彩妆品牌。

该品牌创造了一个多样的次元文化舞台，并相信潮流本身是在不同观念的互动和碰撞中，不断发生演化的。数字艺术作为品牌视觉的呈现手法，将消费者置入虚拟世界中去不断审视现实中的观念与行为的矛盾与冲突。

觉醒系列——Reality is Illusion：产品将不再是产品。它更像是一位人类世俗秩序的搅局者。释放想象，它是一个象征纯净的白色天外来物，在顶部标志形状的金属贴片上，携带等待破解的神秘密码。它降落在钢筋水泥的"方盒子"——城市之中，打破人们无聊却无力反抗的生活。银色吸塑包装渲染了这样的神秘主义，鼓励消费者找寻正在丧失的原始本能——想象力，去接近内心的真正真实。

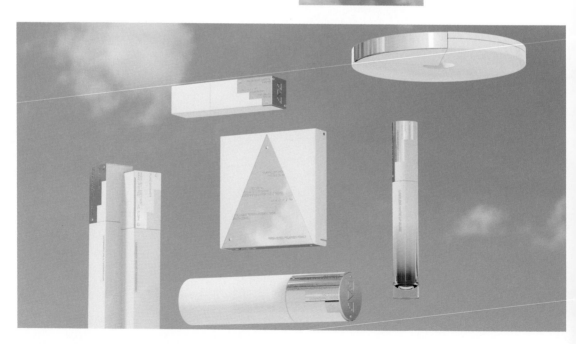

创意总监	姜国政 陈丹	动态视觉	杨宇析 王宏鹏
品牌咨询总监	舒杨	品牌分析师	方卉 陈子毅 童峰
平面设计师	朱晨琦 李卿	客户执行	黄子绮
工业设计师	张昕楠 高韵涵		

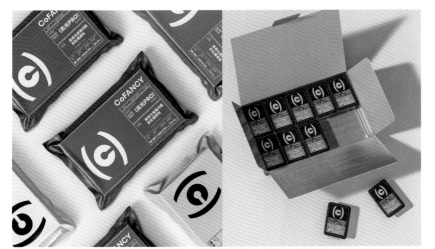

可糖 CoFANCY

念相希望该系列回归品类作为角膜接触镜的本质，打破原有专业和彩瞳阵营的固化印记，利用消费者熟知的信息获取场景（blog 格式、真实素人照片、消费者语言）提高信息传达的有效性，借用空军视力表符号，塑造直接关联品类强识别性的 logo 符号，利用模块化工程表格建立专业产品识别系统。同时通过借用与隐形眼镜特性相通的专业感光媒介原型——胶片筒和避光真空铝箔袋，建立一个强差异化的专业产品记忆符号。

创意总监　　姜国政　陈丹
品牌咨询总监　舒杨
平面设计师　　朱晨琦　李卿
工业设计师　　张昕楠　高韵涵
品牌分析师　　张陈艳秋
项目经理　　　方卉

视觉营销　　王子微
文案　　　　陈子毅
客户执行　　李香冰

东边野兽 herbeast

东边野兽是一个先锋美肤品牌,坚持公平可持续的开发原则,利用现代生物转化技术,释放东方草药植物的愈肤能量。

在设计项目启动前,念相跟团队达成了一个共识:东边野兽是长期主义的护肤,更是从护肤细节到生活方式的延伸。优异的护理体验只是生活中的一部分,念相相信护肤也是生活仪式感的重要部分,更相信公平可持续的开发方式,可以帮助原材料产地的人们,更好地生存下去。环境友好并不是一味地消灭塑料,而是延长容器的使用寿命,尽可能晚地让包装进入回收系统。

外包装坚定地选用 100% 可回收的再造纸张作为纸浆套盒原材料。在探寻容器材料的过程中,念相发现顶级大理石建造材料被使用后余料的浪费问题。念相认为大理石的天然纹路是来自大自然的惊喜,甚至将产品跨越到了家居场景的范畴,同时更好地达到"产品包装尽可能晚地进入回收系统"的目标。

念相品牌咨询 · 上海

创意总监	姜国政 陈丹	动态视觉	杨宇析 王宏鹏
品牌咨询总监	舒杨	品牌分析师	刘改革
平面设计师	郑可 成祥	客户执行	黄子绮
工业设计师	张昕楠		

TOUCH&BEYOND 拓趣

TOUCH&BEYOND 是一个关心人们日常生活、关爱个人与家庭清洁护理的"生活洁护关爱家",不仅给予人生活更加美好的清洁护理体验,同时也更关爱与家人、朋友每一次的亲密接触。

以关爱每一次接触为核心,念相重新审视了生活中的洁护需求,以公共接触、直接接触和间接接触三种接触方式进行品类的场景划分。例如,公共接触有公共场所使用的免洗洗手液、液体洗手液等;直接接触的有家庭和个人使用的泡沫洗手液、便携洗手液等;间接接触有亲肤衣物清洗液、卫浴消毒清洁剂等。希望通过场景建立 TOUCH&BEYOND "洁护专家"的品牌形象。在产品上通过色彩、icon、品名、关键文案和技术支撑等信息来达到场景的快速识别,并且在产品上通过"可撕开贴标"塑造货架营销的"场景识别效率"最大化。在容器上念相通过柔和的瓶身中间突出的一角塑造了产品的统一识别。亲和的体验和人性化的设计也表达了 TOUCH&BEYOND 对每一次接触的关爱。撕下贴标后,拥有出色质感与色彩的容器也成为用户家居美学的一部分。

念相品牌咨询·上海

创意总监	姜国政 陈丹	品牌分析师	方卉 刘改革
品牌咨询总监	舒杨	客户执行	李瑾
平面设计师	郑可 成祥		
	朱晨琦 李颖欣		
工业设计师	张昕楠 焦子雷		

aesthesis 觉

该系列是在神经美容科学和感官技术的支持下，开发的专业的面部、身体护理及功能性香氛产品。念相希望在体验产品安全有效的功能之外，通过把容器、界面、空间等承载物彻底物化至基础功能维度——纯粹的几何圆柱体，放大物表色彩、材质、触感、声音等与知觉相关的感官信号，同时通过数字编程语言来识别平面版式，并随机印刷"神经美容科学反馈图像"在每一个产品包装之上。

创意总监	姜国政 陈丹	项目经理	黄子绮
品牌咨询总监	舒杨	文案	陈子毅
平面设计师	李颖欣 潘天雄	客户执行	田可心
工业设计师	郑晖		
品牌分析师	张陈艳秋		
动态视觉	杨宇析		

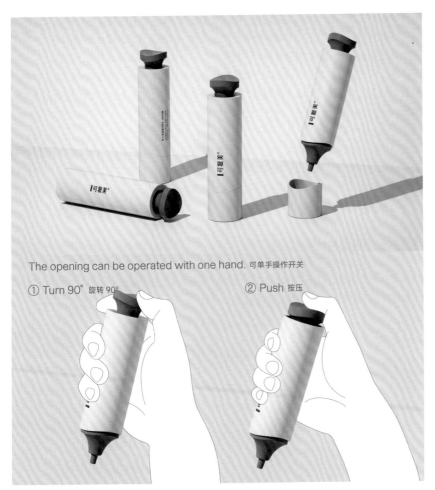

The opening can be operated with one hand. 可单手操作开关

① Turn 90° 旋转 90°　　　② Push 按压

可复美

可复美是一个专研肌肤修护工具的品牌。有生物医学（Biomedical Sciences）科研力量，自有专利（Human - like 重组胶原蛋白仿生组合专利）技术是目前国内受损肌肤修护领域的重要技术革新。

品牌有强大的资产，但是产品在视觉表达和交互上存在问题，导致品牌价值感受损。急需重塑产品形象以建立更清晰的品牌认知。

产品塑造上以"design on purpose，design for life"为设计原则，构建超级工具。

（1）念相将品牌原有 logo 重塑，在去风格化前提下强化识别，塑造具有功能感识别的字形加上具有识别记忆度的蓝色索引"丨"色条。

（2）产品形态上还原工具应用逻辑——高效、安全、易操作，在结构上，使用者单手可操作，上按下出的可视化泵量操作，相较于常规泵取结构也更精准高效。顶部按压结构可锁定以防止料体污染，增加安全性。

（3）平面内容上以工具研发者视角向消费者讲述产品，将大量的产品信息拆分重构，以产品研发目的为起始向下做信息的逐级拓展。

（4）色彩上选用稳定的浅灰色和具有功效性、能量感的蓝色作为品牌识别色。

念相品牌咨询·上海

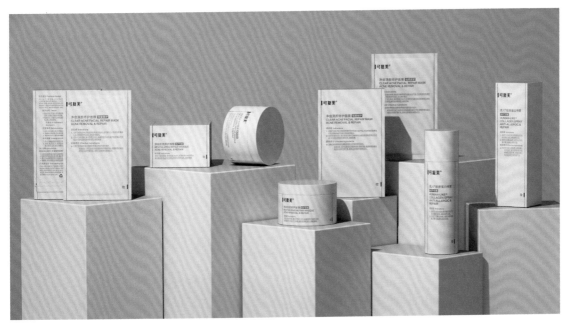

创意总监　　　　姜国政　陈丹
品牌咨询总监　　舒杨
平面设计师　　　李卿　郑可
工业设计师　　　焦子雷　尹健　苏梓峰
客户执行　　　　黄子绮

品牌等于产品加文化，产品是务实的，文化是务虚的。专业的挑战在于虚实结合。既要有高瞻远瞩的趋势敏锐力，又要有摸爬滚打走市场的一线战斗力；既要有有理有据的数据分析力，又要有越战越勇的自我迭代力。如果把设计的视觉结果比喻为照片，那品牌工作者三分之二的专攻会在底片的打造上，即品牌策略和品牌核心创意的系统架构。设计只是在优质底片上的必然输出，是品牌战略、品牌优势基因、品类赛道选择、品牌差异化定位的呈现。

品牌创建的过程里，企业可以"得意忘形"，理念先行，但是消费者是"见形生义"的典型。无论策略如何严丝合缝，定位如何细分准确，定位报告如何数据翔实、逻辑清晰，消费者直观看到的是品牌感性展现的包装颜值、沟通语言、传播互动等等。所以，策略制胜，颜值加分，策略与创意设计的无缝衔接，才是品牌落地执行的关键。

包装是品牌沟通的第一载体。传播和渠道的碎片化，使品牌的创新核心聚焦到新品开发端。每个包装都是距离消费者最近的一次沟通。品牌只有打通战略、创意、视觉三者间的关联，才能打造出消费端高颜值、商业端高卖力相结合的品牌方法论。这也将成为越来越多品牌在当下穿越不确定经济周期里的秘密钥匙。

—— 奎燕创始人 侯志奎

奎燕品牌创新社·上海

Unifree

Unifree 旨在从母婴用品走向更广的品类和人群，成为高品质时尚国际化品牌。命名从纯英文升级为 Unifree 悠派柔品，创新"柔品"品类。用第一人称、功能、场景的英文作为视觉锤，使用柔软的毛毛字母 + 充满爱的文案，用柔软触碰柔软。区隔竞品花、云、淡水彩、动物等同质化视觉元素；规范多系列产品对应色彩，契合年轻女性需求。

创意群总监　侯志奎
设计师　宗澳月

唐饼家诞生礼 1

唐饼家坚持匠心手工制作蛋黄酥多年，本次特推出精装诞生礼盒。鸡蛋外形既寓意"诞生"，也代表着蛋黄酥的重要原料，与揉制面团的自由形体结合，呈现出面点师在揉面过程中手工反复揉搓的匠心。在结构上，上盖采用镂空圆弧，与黄色圆形内包装无缝结合，镂空部分的黄色象征新鲜的鸡蛋。整体采用环保甘蔗渣材质，彰显环保理念。

VIRJOY 生活用纸 2

金光纸业高端产品唯洁雅从0~1的品牌升级，目标是打造高端生活纸巾品牌。品类名与"高品质"前缀连用，夯实高端定位，如"高品质热空气厨房纸"。提出"五星级酒店也在用的纸巾品牌"的品牌 slogan。品牌色使用更具识别度的高端紫色，凸显品牌英文 logo"VIRJOY"，用与场景强联系的物品符号作为视觉锤，提示细分使用场景。

奎燕品牌创新社·上海

1　创意群总监　侯志奎
　　创意总监　　张智皓

2　创意群总监　侯志奎
　　创意总监　　张智皓
　　设计师　　　覃煖宁

本周内内 **1**

新锐内衣品牌"本周"。差异化定位"私护内内"，聚焦专业抗菌内裤。视觉调性上紧扣潮酷、友好、品质、科技。形象上占位内裤核心科技部位——"底档"，用简洁的")("描绘出底档轮廓作为视觉锤，并应用到系列化技术上。延展括号形可变化的组合，形成针对不同场景的提示。将括号元素拓展到文案中，让文字也成为品牌形象资产。

轻简 **2**

基于技术迭代及品类开拓，奎燕重新定义"轻简"。聚焦女性多场景内衣问题，定位"内衣问题解决者"。围绕"身体提出问题，轻简来解决"的主旨。命名"Care LAB"（轻简内衣问题研究中心）与"Care TECH"（轻简内衣研发技术中心）。外盒包装通过封套镂空的形式展现不同问题和解决方案的对话组合。

---

1 创意群总监　侯志奎
　　创意总监　张智皓
　　设计师　　徐凤仪

2 创意群总监　侯志奎
　　创意总监　张智皓

honeycare 宠物清洁 1

面对宠物品类升级竞争，奎燕为 honeycare 打造更高端的宠物清洁品牌形象。honeycare 继承了"好命天生"品牌理念，以诠释人宠密不可分的关系为核心，将人物剪影与真实宠物相结合，表达你中有我，我中有你的美好人宠关系。在建立品牌专属视觉锤的同时，通过不同色彩、不同宠物形象的多样化组合，做到一眼可识别、陈列有牌面、延展无障碍。

味全 严选牧场 2

重塑味全严选牧场高品质牛乳的定位、诉求、形象，聚焦品质和卖点升级。强化终端白绿双色排版，形成品牌视觉锤。突出 SQF 技术标识，体现 SQF 认证牧场的珍贵感，实现"包装即核心广告阵地"。优化品牌 logo，用艺术化效果处理绿色草地质感与奶牛的关系，充分利用包装侧面展示区，优化传达卖点，辅助凸显味全严选珍贵品质。

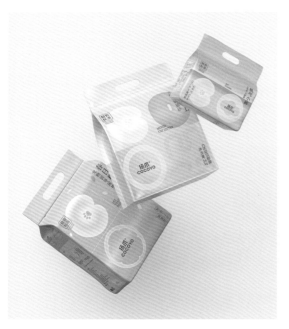

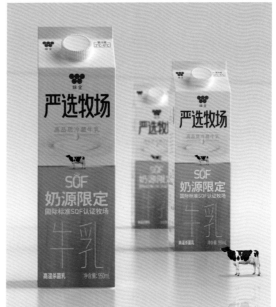

COCOYO 宠物用品 3

面对新一代高消费能力的养宠人群，COCOYO 品牌进行全面升级，走向更具质感和性价比的中高端宠物生活用品。挖掘产品基因，保留其最具记忆点的粉色 + 蓝色配色，提取"COCO"英文字母作为品牌视觉锤，为未来拓品留下延展的可能性。旨在塑造年轻化、时尚化、精致化的宠物用品品牌。

奎燕品牌创新社·上海

1 创意群总监　侯志奎
　设计师　　　覃熳宁

2 创意群总监　侯志奎

3 创意群总监　侯志奎
　创意总监　　张智皓
　设计师　　　张颖

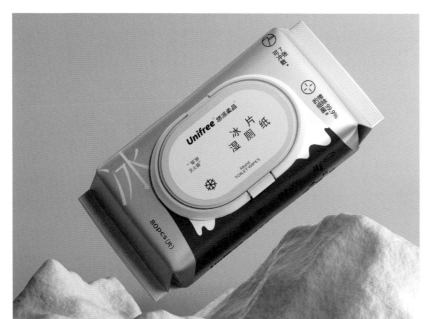

Unifree 湿厕纸 1

奎燕为 Unifree 打造的"湿厕纸专家"电商爆款新品。面向都市女性和现代人群。通过将核心成分与品类名称连用，定义更具功效性的湿厕纸新品类（如温泉水湿厕纸）。创新打造"山"系视觉锤，将产品不同核心成分延展到雪山、冰山、绿山等一系列极简包装中。以更年轻、更高级、更扁平化的方式，搭配一句话卖点，强化销售力。

空卡 2

奎燕为空卡打造的整体品牌和产品形象，推出全新夜店版本。奎燕保留空卡品牌大受欢迎的视觉锤——空卡小恶魔，针对夜店场景人群打造差异化新品；用游戏角色化的形式，进一步演绎"小怪兽"的视觉形象；用亮色搭配白色，让空卡持续传达健康饮酒的理念；开发恶魔角防尘盖、帽子、耳机、底托等配套潮玩，把空卡态度"玩起来"。

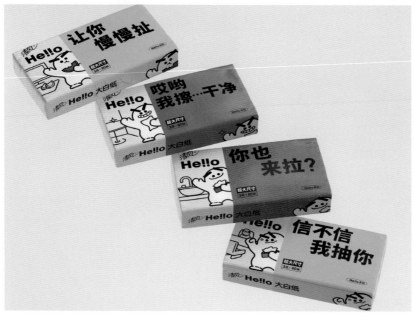

清风 Hello 3

清风 Hello 是面对"00 后"年轻人群的纸巾品牌，以大张纸巾为核心卖点。设计从纸巾"超大尺寸"中提炼出"问题不大，一张搞定"的品牌理念，打造纸巾玩家的人设。从"100% 原木"中提炼代表纯净的"白色"，创造专属清风 Hello 的 IP 形象"白白"。以使用纸巾的常见动词为创意起点，创作双关文案，生动演绎多种用纸场景，用玩家精神包装纸巾。

奎燕品牌创新社・上海

1	创意群总监	侯志奎	2	创意群总监	侯志奎	3	创意群总监	侯志奎
	创意总监	张智皓					创意总监	张智皓
	设计师	宗澳月					设计师	覃煖宁

味知香 [1]

味知香，半成品菜上市品牌。味知香将品牌策略与视觉进行升级，创新电商与新零售渠道包装形象；将原本偏零食感认知的 logo 升级为更加优质与健康的微笑表情；围绕品类"快"的核心价值，将菜品按"烧炖煎"等核心制作方式分色分类，与可预期的烹饪时间结合创新炖5'（炖煮5分钟）、炒3'（炒制3分钟）视觉锤，搭配"速度格"辅助形成。

鹤舞稻香 [2]

整合升级"光明谷锦"策略及形象，优化高端线"鹤舞稻香"品牌。首先提炼鹤舞稻香核心理念：限定产区。提出"鹤起舞，稻飘香"的品牌 slogan。将品牌名价值化并与消费者产生沟通。创新"起舞的鹤"视觉锤，建立全新扁平化、简约国潮和高端化的视觉调性，并巧妙地让视觉锤首尾相连，在陈列时形成"鹤墙"，提升终端能见度和卖力。

任性袋鼠 纸尿裤 [3]

基于占位"不侧漏"这一消费者大需求，奎燕为任性袋鼠打造新一代纸尿裤品牌。为产品5维不侧漏系统命名"小蓝坝™"并将其可视化。视觉上结合品牌名展示袋鼠形象，同时结合父母期望，以插画形式呈现运动员、音乐家、宇航员等宝宝未来职业。品牌色的选择上，纸尿裤选用浅蓝色、拉拉裤选用深蓝色，呼应小蓝坝，增强专业信任感。

奎燕品牌创新社·上海

| [1] | 创意群总监 | 侯志奎 |
| | 设计师 | 覃熳宁 |

| [2] | 创意群总监 | 侯志奎 |
| | 创意总监 | 张智皓 |

[3]	创意群总监	侯志奎
	创意总监	张智皓
	设计师	覃熳宁

屹涛创意设计（interdesign）·上海／东京

在中国，包装设计也许是设计领域最能体现设计的真实现状和水平的。包装设计的最终成品受到企业文化、产品策略、大众审美、成本和流通条件等多维元素的影响。在直接与市场和消费息息相关的同时，又比较少受到政策调控和政府规划的影响。当各种媒体中"潮流、热点、爆款"等词汇经常性跳入我们眼帘时，当"网红"产品的设计成为包括资本在内各方追捧的参照物时，产品开发者或设计师都似乎被动地受到其裹挟而无法真正展开思考。

培根说："真理好像平凡的阳光，真理是一个纯洁的明珠，虽然晶莹透亮，却仿佛比不上那些五颜六色的玻璃片。"放眼回看几十年，真正好的产品和包装设计，恰恰都不是追赶潮流的。一如平凡的阳光、日常的空气，虽然不耀眼，但绝不会是化妆舞会般的一过性幻彩。

后疫情时代的消费正在回归理性，我们需要放慢脚步，冷静地审视和回顾过往的发展，并重新思考包装设计的"第一性原理 First Principle"（本质与价值）。中国包装法规的更迭、泛人工智能技术的普及等，为包装的开发和设计者重新规划了一条新的起跑线。温故知新，不断挑战和创新，以包装的本质和真正价值为基轴，如何保持深度的专业性、理解广泛的社会性，将是未来我们所要面临的最大挑战和机遇。

—— 创始人／设计总监 陈嵘

广泛的社会性　深度的专业性

旬の饮

三得利"海底捞"联名"旬の饮"

这是日本饮料品牌"三得利"与中国火锅品牌"海底捞"联名出品的"旬の饮"果茶系列饮料。设计以清新自然的配色与图形，表现了由"旬"之水果调配出的清新口感。与纯白底色的清爽配色，表现了高品质的同时，背景还结合了"海底捞"独特的视觉图案。"旬の饮"字体设计基于宋体设计而来，字型简洁大方，具有现代感，又富含人文气息，与整体气质相得益彰。

艺术指导　陈嵘
设计　柯鑫

汤达人"极味馆"煮面 1

面对速食面的消费升级，以及年轻人在自己家煮一碗美味好面的需求，"汤达人"品牌推出了2个口味的煮面系列产品。设计沿用为汤达人"极味馆"打造的"吊汤"视觉符号，突出表现汤浓味美。包装整体以黑色为基底，与红黄口味色形成强烈对比，更显浓郁口感。封条设计，表现了匠人熬汤级别的经典感。

统一"元气觉醒"果汁 2

统一"元气觉醒"为提升消费者体验，改用更纤细的瓶型，瓶标也随之缩小，透出更多果汁的颜色。新设计延续原产品的白色基调，保留清新的口味感。半切的水果放置在标签最上部，果汁与新鲜的露水混合随重力滴流而下，引导视线到品牌。重新设计的品牌字体，以更现代化的形象出现，"醒"字的设计更凸显元气十足感。

屹涛创意设计（interdesign）·上海／东京

1 创意指导 陈嵘
　设计 柯鑫

2 创意指导 陈嵘
　设计 柯鑫 范琳琳

甘源"花の心子"品牌及系列包装 1

甘源的新创品牌"花の心子"系列食品。原创设计的品牌字体采用轻松的手写风格，又兼顾现代感，成为产品的最主要视觉中心。背景上部以强有力的、表现美味感的图片为基底，全系产品保持高品质感的统一调性和格式，可以完美对应超过50个SKU的展开。

Professionalism and Sociality

Mandam（漫丹）Animagus彩绘笔 2

Mandam（漫丹）面对"Z世代"群体的年轻消费者在中国推出彩妆彩绘笔系列产品。"Animagus"语源是哈利波特中的咒语，彩绘笔的颜色浓郁，尤其适合 cosplay玩家、舞台表演等特定场合和人群。设计借用二次元世界的视觉语言，以"沉入深海的宝石"为视觉主题，配合古典西文字体设计，完美表现出品牌背后所蕴含的"魔法神秘感"。

1 2 艺术指导　陈嵘
　　　 设计　　 陈嵘　陈琳

INABA Churu Fun Bites

面向美国市场的"Churu"品牌产品，在日本宠物食品市场名列前茅。三只猫所组成的图像，被作为"Churu"视觉符号而固定下来，有助于建立品牌的视觉记忆。新产品在2021年全球宠物博览会上推出，获新产品视觉奖第一名。

House Tongari Corn 肉酱风味

长期以来，House食品的Tongari Corn一直是玉米类零食的主力品牌。包装设计了一个让人联想到美国广阔的玉米田的大幅视觉形象。除了经典的"清淡盐味"和"烤玉米味"外，这次推出了"肉酱风味"，即第三种口味。产品在2022年秋季推出市场，符合季节性的具有温暖感的设计，扩大了品牌的粉丝群。

SAPPORO Five Star 啤酒

1967年，SAPPORO(札幌啤酒)作为优质啤酒的先驱推出Five Star。新款产品目前仅在北海道札幌啤酒园提供限量销售，是一款特别的、具有历史意义的高品质啤酒。设计在继承原品牌标志的同时，还绘制了象征啤酒园的特色建筑插图。设计中使用的多种金色表现了正统感和高品质感。

屹涛创意设计（interdesign）·上海/东京

17

1 2 3 设计 The Design Associates（共同创作）

设计本身是一种语言，表达品牌或产品背后的文化。品牌是一个企业过去、现在和未来的总和。不同的文化会造就不同的风格，不同的设计风格也会营造不同的生活方式，展示创作者独特的生活态度。

东方文化是一个宝藏，拥有深厚的智慧和独特的美学。而设计师作为文化的翻译官，在创新的同时也在传承。

创新，是善用年轻的视角看待老文化。

传承，是把珍藏着的好东西拿出来再发酵。

东方好礼希望通过对当下生活和传统文化的观察与思考，化旧为善，把更多的老东西变成好东西。

——东方好礼 厚朴

麦田月光曲 中秋月饼礼盒

人生百态，月常在。本包装选择环保可降解材料，保护地球也传承月光。黑胶唱片机造型，特制亚克力磁吸唱针，唱针靠近黑胶唱盘中心，即可一键解锁音乐唱片模式。底盒采用六格分区，可作为种花花盆。每一格盛开的小花都是悄悄种下的白月光。

出品方　　东方好礼EASTHOOOLY
创意策划　东方好礼 构高创意
设计　　　高宫璇 川谷 秋桑
开发　　　重楼
摄影　　　完美呈现

司南问道 端午粽子礼盒

司南,现代指南针的前身。我国四大发明之一。古有司南,今有北斗,人们从未停止前行和探索。司南问道结合东方司南加西方答案之书的元素,盒面以司南原型为基础,将星宿图案化,增加答案提示模块。为心中有疑问、选择两难的你,提供一份参考。前途朗朗,万物有光。或许你的心中早已有了答案,只是缺一份肯定的力量。

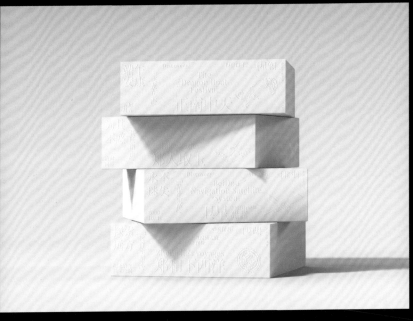

徽茶集团 **1**

中国徽茶，品质好茶。 十大名茶四个在安徽，安徽茶是名茶代表也是中国茶的代表。徽茶集团肩负振兴中国茶的使命，带领徽茶走向新高度。该集团通过一系列的品牌顶层维度的规划使品牌占据心智的高维度。

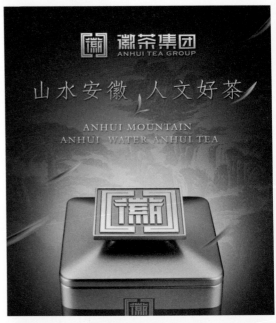

锐品牌（RUI）·上海

当下的时代是机会的时代，也是焦虑的时代，产品要极致，渠道要精准，品牌要升极，品类要 PK，企业面临着巨大的挑战。动和不动如何抉择？未来在哪里？同样用户也面临着巨大的选择成本，理性的纠结、感性的情绪化使市场出现前所未有的变幻莫测的气候。

作为一个从事茶品牌研究 20 年的从业人员，我深知茶叶企业对品牌的诉求其实是对未来的未知恐惧。从产品到服务再到营销都有可能被颠覆。企业需要重新思考自己的定位，找到新的方向。从行业角度来说，我们认为中国茶饮产业将要迎来一个大变革的时期，包括消费升级以及消费者对于健康饮品需求日益增长。这些变化将会推动整个茶行业不断发展进步。一个品牌在转折期需要一个支点来撬动，这个支点有可能是产品，也有可能是品牌，当然也会是渠道、空间等。如何抓住这个支点是品牌发力的重点，这就要求服务公司抛开自己固有认知去洞察品牌支点。

未来对企业的要求会不断发生变化，未来的企业都是一家设计公司（要有各个板块的美学要求），同时对设计公司也提出了前所未有的挑战，要求设计公司也是一家企业。它要有经营和对实体经济的操盘经验，只有经历过实体的理性成本和市场考验才能为甲方带来真正有价值的策略和设计，设计和市场才能结合在一起。

—— 创始人 Yao Wei

RUI BRAND DESIGN   COFFEE ERA

咖啡科技时代 极咖 **2**

咖啡科技时代的到来，带来了全新的咖啡体验，小罐装的浓缩速溶萃取解决了在当下快速的节奏下快速还原一杯原味咖啡的问题。

20

1 客户经理　Juliet Ye
　　创意总监　David
　　执行创意组　Rui Brand
　　设计　　　Mars Formation

2 客户经理　Juliet Ye
　　创意总监　Shao Bo
　　执行创意组　Rui Brand
　　设计　　　Mars Formation

八方野 [1]

中华野生茶领军品牌。占据全国核心野生茶产区，采用核心区野生茶原料，只做真正的野生茶，以瑞虎寻茶为超级符号为野生茶品类代言。

茶博府 [2]

名称即品牌，名称即资产。"茶博府"名称本身就是资产无法被抄袭，同时具有非常高的想象空间和品牌信任感。

锐品牌（RUI）·上海

[1] [2]　客户经理　Juliet Ye
　　　　　创意总监　David
　　　　　执行创意组　Rui Brand
　　　　　设计　Mars Formation

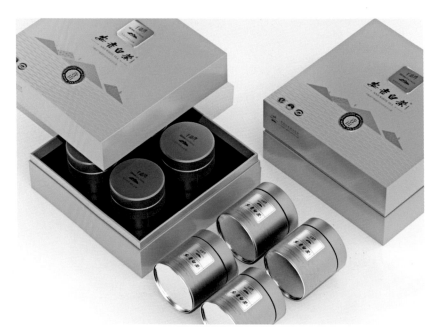

千道湾

安吉白茶源头品牌。千道湾，扎根安吉白茶核心区多年，始终坚守一份信念，从安吉白茶出发的地方影响世界。打造安吉白茶源头品牌，不为规模只为品质。

诸暨石茶 ②

中国秀美绿茶。西施是中国古代四大美女之首，浙江诸暨为西施故里，气候地域独特。以诸暨地域之美、西施文化之美、石筑茶叶之美汇聚为中国秀美绿茶。

1 2	客户经理	Juliet Ye
	创意总监	David
	执行创意组	Rui Brand
	设计	Mars Formation

宁清茶 📄

我的东方茶生活。宁清茶，一个倡导东方茶生活方式的品牌，以宁静慢生活影响忙忙碌碌的当下人。主打小红书渠道，以金鱼为代表的慢生活方式和茶的主张相互融合借力。

千山名茶 📄

人文陕西礼遇千山。陕西省会西安人文历史底蕴深厚独特的城楼文化影响深远，具有代表意义，同时品牌方所在的陕西独特的巴山汉水源头茶园基地孕育了中国历史名茶——汉中仙毫。

1 2 客户经理　Juliet Ye
创意总监　David
执行创意组　Rui Brand
设计　Mars Formation

聚焦"超级单品包装设计"的蓝色盛火认为"超级单品"应该是畅销且常销的产品，是企业的战略级产品，是销售占比最大的产品，是品牌生态学理论和营销实战的完美统一。

每个企业都希望自己的产品序列中有一支超级单品。那么，什么样的产品是超级单品？超级单品和爆品有什么区别？什么样的企业才具备能力开创这种超级单品呢？

虽然超级单品和爆品都是受到消费者热捧并形成爆炸式口碑的产品，但超级单品是精心筹备的结果，而爆品则具有偶然性；超级单品需要时间的积累，而爆品则需要短时间内快速形成大销量；超级单品需要综合打磨，而爆品则可能只需要一个"尖叫点"即可。

爆品的思维由来已久，从 4P"营销"理念的建立到互联网时代下的"爆款"概念的形成，再到今天快消行业"爆品"的提出。"爆"，不应该是昙花一现；"品"也不应该只是空虚的概念。如果没有"品"只做"爆"，那不过是在追求表面的概念，最终不能长久，所以我们要用超级单品的思维来做超级爆品，这便是"蓝色盛火丨超级单品"。

针对超级单品打造，蓝色盛火提出了 1 个法则、2 种思维、5 个步骤，从调研分析、战略推演出发，以目标为导向、以方法为路径，有的放矢、步步为营、落地执行、一以贯之。

而创新，则是贯穿整个超级单品打造的灵魂，从产品创新到设计创新，再到营销创新，帮助客户凝心聚力、以点带面，打造超级单品，助力持续增长。

—— 总监 李群高

今麦郎冰红茶 **1**

今麦郎刀削宽面 **2**

蓝色盛火（AB.Lab）·上海/郑州

1 2 蓝色盛火品牌创意组

双汇极菲牛排 **1**

今麦郎天豹能量饮料 **2**

空刻意面 BIG 一份半 **3**

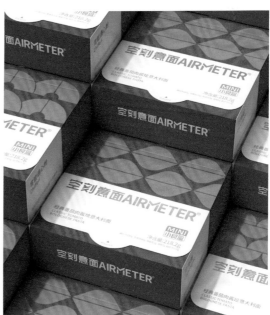

空刻意面 MINI 小食盒 **4**

1 **2** **3** **4** 蓝色盛火品牌创意组

和其正无糖凉茶 **1**

三只松鼠气泡水 **2**

恒大天然矿泉水 **3**

恒大球球维生素能量饮料 **4**

蓝色盛火（AB.Lab）·上海／郑州

1 2 3 4 蓝色盛火品牌创意组

淳巧巧克力蛋糕 **1**

宏济堂桃小抹阿胶糕 **2**

没事酪酪三角芝士脆 **3**

小熊猫伴伴常温高钙奶酪棒 **4**

蓝色盛火（AB.Lab）·上海／郑州

1 2 3 4 蓝色盛火品牌创意组

五芳斋爆料饭团

五芳斋基于年轻人的早餐赛道，推出更符合中国人胃口的中华菜肴饭团——"爆料饭团"。该产品概念最大化地体现了消费者对饭团的诉求。利用众所周知的爆炸形符号与强烈的对比色彩来吸睛；用食欲感满满的图片激发消费者的消费兴趣；用产品卖点与口号"爆料饭团我超爱，一口米饭一口菜"来促进用户决策。

存量博弈时代，企业经营成本居高不下，提升产品力是品牌竞争的核心！产品力主要是由技术力、渠道力、传播力、品牌力、包装力五个方面决定，其中包装力对产品力起到很大的推动作用。

包装即业绩、包装即成本、包装即资产
对位的包装创意能有效促进交易的实现，没有经过顶层规划的包装通常昙花一现，隐形沉没成本巨大。包装是企业最重要的资产之一。企业要具备资产化思维，把包装当资产一样去经营，包装资产需要不断地持续积累与进化，包装朝令夕改其实是在浪费企业资源。

产品同质化严重，产品卖点的创新需要 IP 化
发掘消费者熟悉的原材料、熟悉的技术、熟悉的概念知识等原力 IP 来赋能产品，创造能和消费者共情的 IP 化产品，让产品与消费者一见钟情，从而快速实现交易。

美学化消费趋势明显，颜值正道是真谛
中国消费分级越来越明显，从普通大众的消费到中产消费，他们背后的消费需求点是不一样的。大众消费是清单式消费、趋同化消费、功能化消费。中产消费是冲动式消费、趋优化消费、美学化消费。虽然颜值经济当道，美学化消费趋势明显，但由于消费层级的多样性，包装的美要考虑不同群体、不同品类、不同诉求，即包装颜值正道的"三重相对性"。

一个好的包装，意味降低了营销成本，提升了业绩，最终归于资产。

—— 三松创始人 桂旺松

三松品牌策划·上海

三松创意团队
SUNSON Creative team

兴芮休闲肉制品

一个优秀的企业，从名字就能直接感知到企业的文化。从兴芮品牌利己利他的"兴文化"入手，创造了和消费者沟通的丑萌"小兴奋"角色，经由企业文化认同，完成对消费者的情绪迭代，并将产品价值通过情绪化的 IP 化语言表达出来，引发消费者的购买兴趣。

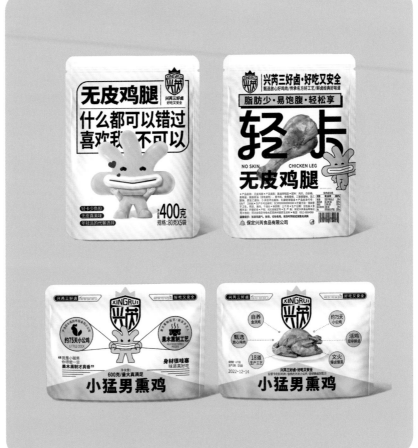

三松创意团队
SUNSON Creative team

双汇招牌拌面

双汇针对年轻人的便餐赛道推出了来自中华传统风味的经典拌面系列产品。"拌"是该系列产品的特色食用方式。双汇一贯地延续了大品牌品质的三好标准。不仅"肉好、料好、面好",而且还提供配料丰富的料包等产品,给了消费者很好的体验感。

三松品牌策划·上海

三松创意团队
SUNSON Creative team

塞翁福元炁七日粥料 1

塞翁福针对年轻群体推出的粥料产品，抓准当代年轻人拥有的很多共性：佛系、躺平、宅……迎合这样的趋势，以蓄势待发的黑马为切入点设计形象，给 IP 形象赋予趣味性，不过分强调高尚品德和积极阳光，只追求一种随性和真实，表达出"拙"而不凡的态度。

塞翁福元气海鲜粥 2

一碗好的粥一定带有温度，塞翁福将一碗有食欲的海鲜粥置于餐桌上，搭配家人早上为我们熬好粥后留下的温馨纸条提示，让消费者看到产品就置身于平时家人为 ta 熬的美好场景中，提高消费者的购买欲望。

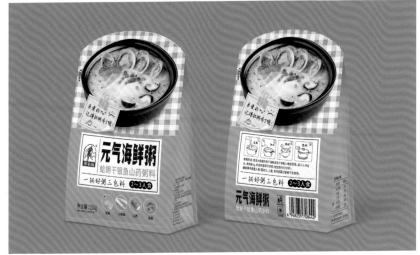

达意绵柔亲肤纸 3

通常纸巾品牌习惯用虚幻的概念表达，例如超柔韧，原生木浆等。达意本次设计将这些虚幻的概念转换成消费者能感知的图片，用纸巾擦婴儿的皮肤来表达柔，用湿水表达韧，用包食物表达安全，再通过 4+1 层特殊的纸巾工艺，让价值表达落地，取信于消费者，最终形成一款能自己卖货的纸巾包装。

三松品牌策划·上海

1 2 3 三松创意团队
SUNSON Creative team

上海上鳍注重以中国传统文化为核心，为企业提供文创盒型和创意的解决方案。深入研究和理解中国传统文化的精髓，将其融入到设计中，创造与众不同的产品。

设计时，在包装结构和材料创新方面有自己的见解，不断探索和应用新的设计理念和技术，突破传统的包装设计限制，打造独特、功能性和可持续的包装解决方案，也变得尤为重要。

在后疫情时代，环保也是企业尤为重视的一点。设计时，要注重可持续性，采用环保材料如竹子、羊毛和椰壳等，提升包装的环保价值。通过采用这些可再生、可降解的材料，为客户创造更具环保意识的品牌形象和产品包装。

除了设计能力外，和可靠的供应链合作伙伴紧密合作，才能确保包装项目从设计到实际生产的顺利落地。专业的供应链管理能力为客户提供高效、可靠的服务。

—— 总监 Muthink

上海上鳍（SUMVISUAL）·上海

稻城 × 逆水寒皮洛手斧盲盒

SUMVISUAL 受邀以稻城境内皮洛旧石器时代遗址为灵感，打造了这款文创盲盒。盲盒外包装象征着福运升腾的经幡，载着高原人们的美好祝福，飞过黝黑沉默的群山，扬起棕褐色的尘土，顺着亘古不休的河川，带着稻城的盛景冲出了川西，让人们看到了逆水寒中元宇宙稻城的神秘一角。

创意总监　　　　Vivi
执行创意总监　　Muthink
客户经理　　　　Cici
插画　　　　　　YNC
设计　　　　　　Jiao bin

五粮液 一醉轻王侯 限量白酒包装

SUMVISUAL 受邀为五粮液贺岁联名酒设计限量包装，整体选用了对开盒结构，盒身两半打开后用一个扇面连接。开盒即扇面展开，扇面上采用游戏的角色插画作为承托酒身的背景，同时也增强开盒仪式感。外盒设计上则采用了简约瑞兽的烫金钩线，瑞兽穿插围绕瓶身一圈。同样的图形也印刻在酒瓶亚克力上，使其达到内外统一。

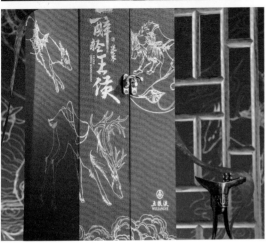

达利园 青梅绿茶饮品包装

SUMVISUAL 受邀为达利园青梅绿茶包装升级。创意上把原来写实的元素进行图形化设计，青梅元素做了四方延续并与叶子进行排序，整体颜色上看起来更加明快。"青梅绿茶"的主标字体也做了重新设计，采用圆形水滴状特点来组合成文字的整体基调，底标部分是一种老胶片底片的形式，来体现达利园一个成立 30 年的品牌的沉淀感。

上海上鳍（SUMVISUAL）·上海

33

1	创意总监	Vivi
	执行创意总监	Muthink
	客户经理	Cici
	插画	Wang Yi
	设计	Chill

2	创意总监	Vivi
	执行创意总监	Muthink
	客户经理	Cici
	插画	YNC
	设计	Chill

思湃从广告的土壤中发轫，这让思湃更加慎重地审视今天所处的位置。中国当下的品牌成长环境，其实跟数十年前发达国家品牌的萌生阶段一样，充满着活力、快速成长，存在着竞争和不确定性等可能自相矛盾的因素，但这也是在众多品牌中成长出超级品牌的必经阶段。

设计，不应该是一个狭义的词汇，它不仅意味着一个包装，一个画面或者一套 VI，而且是对整个品牌的深入理解和再造。我们一直尝试在设计中加入我们曾经在广告角度所体会到的一些特质，比如对创意精准性的把握，对概念犀利度的诠释，乃至对消费者评判的包容。

在整体经济形势并不乐观的当前环境下，我们还是倾向于做一个乐观主义者，把品牌建设和品牌传播的链路打通，为品牌赋能。

—— 思湃创始人 王威

洽洽皇葵瓜子全系

皇葵是国民瓜子品牌洽洽旗下的高端产品，瓜子中的"皇"既是对品质的自信，又带有国潮属性。从年轻人喜欢看剧嗑 CP 的点出发，精选 4 段家喻户晓的帝王爱情故事：秦始皇与胡姬、唐太宗与杨贵妃、宋徽宗与李师师、乾隆皇帝与富察皇后。深入提炼 4 对 CP 的"嗑点"，和皇葵瓜子 4 种口味的特性相结合，精心定制诙谐浪漫的古风文案。

创意总监　　　　王威
文策总监　　　　陈映丽
美术指导/插画　　王晶　李润妍
文案　　　　　　李佳
3D视觉呈现　　　刘洋

汤达人方便面全系 1

汤达人作为统一旗下一款以"汤"为核心宣传点的泡面品牌，以"喝汤"为创意切入点，打造举起面碗大口喝汤的视觉锤，并在此视觉符号的基础上，根据不同口味延展出一系列 IP 人物形象，为品牌注入新活力。

茄皇意式番茄肉酱拌面 2

延续茄皇家族一贯的两个 IP 互动形式，让茄皇变身音乐指挥家，挥动面又指挥新成员——芝士，共同奏响意式交响曲。整体包装在色彩上提炼了意大利国旗经典的绿、白、红三种颜色，给人意式联想，底部条纹加强与意面的关联。

思湃品牌（Spark Branding）· 上海

1 2 创意总监　　　王威
　　项目管理　　　胡炜妮
　　美术指导/插画　王晶
　　3D视觉呈现　　刘洋

统一冰糖雪梨 1

从核心的"润"出发，结合其东方气质，借中国文化重新焕发年轻活力，用乾清时期明亮镶黄的珐琅彩瓷作为品牌色，配以梨叶优雅的景泰蓝色，用工笔画演绎梨树飞花图，提升品牌文化价值。同时在侧面抓住三个场景，用年轻化的语言，将中国文化中温润松弛的生活态度，作为品牌情绪价值来展现。

阿萨姆水果奶茶 2

以宋代轻国风为基调，除了升级原有阿萨姆视觉资产中的金色弧线外，选用了中国古典气质感的黛绿色和墨蓝色，作为两款口味的品牌色。并以"小青醒"和"小桃离"类似宋词的词牌名为灵感，结合阿萨姆原有"好心情"的DNA，将背面文案升级为：偶尔逃离，遇见好心情；半晌清醒，遇见好心情。给年轻消费者带来情感上的共鸣。

茶里王 ×《印象大红袍》 3

茶里王与《印象大红袍》联名推出限定口味 —— 青柑大红袍。这是传统茶饮文化和创新口味之间的碰撞，在新品设计上，思湃抓住一个强视觉符号，使文化和口味二者相融。利用张艺谋《印象大红袍》品牌资产中最核心的"红"字，以字形轮廓和本身的用色为设计基础，将反映武夷山茶文化的经典采茶女形象与其融合。

1	创意总监	王威
	文策总监	陈映丽
	项目管理	胡炜妮
	资深设计	孔祥丽
	插画	黄庆琳
	文案	李佳
	3D视觉呈现	刘洋

2 3	创意总监	王威
	文策总监	陈映丽
	项目管理	胡炜妮
	美术指导	王晶
	3D视觉呈现	刘洋

三棵树冬奥纪念金罐 1

三棵树作为中国短道速滑国家队的涂料行业合作伙伴，推出冬奥纪念款包装。为契合冬奥 IP 和"健康 + 标准"的主题，将武大靖的冠军形象和三棵树的高品质紧密关联，采用手绘插画的风格，展现武大靖的冠军风采，手绘笔触下流畅的线条更体现出"中国品质"下的"中国速度"。

王老吉 × 王者荣耀 夏日王者系列 2

延续2022年夏季的营销合作，王老吉再度携手王者荣耀推出联名经典凉茶，借助游戏IP，打入年轻人圈层。基于"越热越爱，做夏日王者"的营销联名主题，将IP符号冰雕化处理，专属设计纯冰视觉主题字体，凸显英雄角色并体现清爽感。

1 创意总监   王威
   文策总监   陈映丽
   美术指导   王晶
   文案   王婵 李佳
   3D视觉呈现   刘洋

2 创意总监   王威
   项目管理   林丽薇
   美术指导   王晶
   设计师   蔡文
   3D视觉呈现   刘洋

绿色果源

包装的整体创意围绕着"鲜果"的
设计思路,整体画面通过插画形
式表现出水果森林的清爽解腻,
一口爽透。

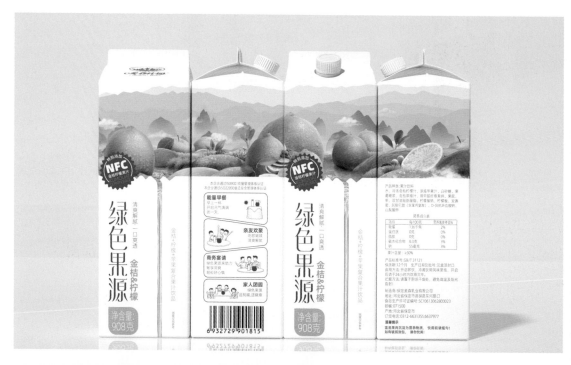

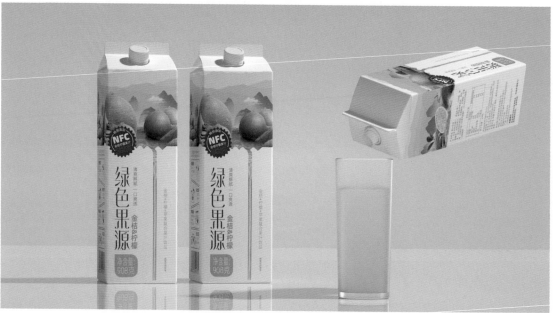

摩研品牌创意·上海／石家庄

创意总监　韩剑锋
设计　　　摩研品牌创意组
插画　　　赵立楠

航海王维生素饮料 1

航海王通缉令版维生素饮料，限量版高罐。灵感来自盲盒，立足于年轻、时尚、潮物、随机的刺激感。36版通缉人物海报更具收藏价值。

舔盖小酸奶 2

国宝熊猫非常惹人喜爱。包装借鉴其形象，融入小酸奶的瓶身、再加上独特的瓶盖酷似"熊猫大侠"，增加消费乐趣。

1 2 创意总监　韩剑锋
　　设计　　摩研品牌创意组

脱离市场营销的包装设计是不存在的。"强策略而丑视觉"，热衷 PPT，或者"无策略而强视觉"，热衷投奖，诸如此类，都是不正确的方向。爱美是人的天性，而更底层的人性是趋利避害。譬如，你买酱油是因为包装精美，还是这个品牌本身让人放心？美的背后是爽点，而战略就是爽点。

真正的创意是"创念"——创意概念。以此贯通战略和美感，把爽点做得生动有趣，令人念念不忘。把外在美引向内在心智，不是"视觉锤"而是"心念锤"，可延展和推广。"创念"不仅是表面的视觉冲击，而且是概念冲击，超越眼球、冲击心智。如果视觉是美容，创意就是变性——改变个性，它是品牌的基因突变、是产品的变性手术。它是气态的、开放的、混沌的、线索的、多维的。

我的方法 = 战略 × 创念破局 × 美感，说白了，就是从爽点到爽念再到爽感，从"想"到"相"！"创念"是战略和美感的转换器，基于品类独特的爽点，创造品牌概念或有趣的包装结构，然后形象化、可感化。换言之：一念一品牌，一念一包装。

"创念"破局是戴着脚链跳舞，有变，有不变。不变是尊重用户的本能认知，如红绿灯符号之类熟悉的元素；而变，则像孙悟空 72 变：变巨大、变反冲、变时空。"创念"让产品关联心念，让文化私有化，如散乱的珍珠穿成项链，像"盗梦空间"一样植入念头，让用户一念选购。市场内卷，AI 已来，什么最贵？"创念"破局。

—— 总监 滕麟洲

麟气创意（RINCH）·上海

固态发酵白酒　酒精度：52%vol　净含量：550ml

好酒缘 - 九粮酿白酒

好酒缘，取巴马之甘泉，酿九粮之精华。创意概念取自"酒逢知己千杯少，高山流水觅知音"，以诠释好水酿好酒、好酒结好缘。品牌字体古韵俊美不乏当代特色，瓶型瓶标如一滴巴马水滴，瓶底拔起一座金山，亚克力盒四边凹线也似盒顶流瀑。礼盒延伸了"缘"字图腾。整体设计雄奇秀美，高山流水，"缘"来如此。

创意总监　滕麟洲

石海洞天 - 喜酒 ①

洞藏白酒，需要拓展喜庆用酒市场。
麟气创意概念：人生四大喜事酒。
久旱逢甘露、他乡遇故知、洞房花
烛夜、金榜题名时。四个故事用插
画描金展现在瓷瓶中央，酒瓶与酒
盒像是宫廷抱月瓶置于博物馆展柜，
呈现喜庆圆满的仪式感。还可延伸
到庆功宴、老乡会、毕业聚会等，
拓展了喜酒场景，喜气不乏贵气。

Circle Moisture 韩国美瞳彩片 ②

麟气从美瞳的炫彩出发，结合保湿和
半环 C 形的特点，采用了具有彩虹概
念的创意视觉符号。并且升级 Circle
Moisture 品牌 icon（图标）—— CM，
来表现时尚高端感。用马卡龙七色组
成的 C 形彩虹，就像美瞳，炫彩魅惑、
迷幻温柔。

41

过去 3 年,人们感受到国家层面,行业层面的剧变。讨论疫情,讨论隔离,讨论行业寒冬,所有这些包裹了人们自身的感受,作为普通人以及消费者,心理与认知都产生了深远的变化。

在宏大的国家叙事,疫情的严格把控,行业寒冬共同编织的焦虑情绪下,我们变得更谨小慎微,同时,我们也得以深入自我,注重自我当下的感受。我们急需情绪的出口,其中逃离的情绪所引发的连锁反应大家也不再逃避,并越发正向化······逃离内卷、离开大厂、回到家乡,所有这些构建了新的认知基础,以此所带来的消费行为本身,越发成为串联个体与宏观之间的纽带。于国家,消费在促进经济的复苏;于个人,消费在抚慰当下的情绪,帮助我们感受真实的自我,乃至真实的环境。

正视当下消费者的真实情感,并以此出发,连接产品与人,才能创造企业与社会价值!

—— 世贝设计团队

雀巢厚牛乳乳饮品 1

雀巢以厚牛乳入局乳饮品赛道,希望在包装设计充分展现 DIY 咖啡饮品的乐趣与创意,吸引年轻消费者尝鲜。设计是非常直接的,通过为品牌引入更年轻、直接、醒目的视觉表达,既让消费者进一步建立品牌认知,又对产品功能一目了然:轻松自然又不失俏皮可爱的咖啡好伙伴。同时也在日常使用中,让消费者在忙碌之余,通过舒缓的画面感到放松和愉悦。

益达雪融薄荷糖联名款 2

基于对现代消费群体焦虑的洞察,将"融化不开心"作为本次沟通的重点,世贝从品牌端出发,讲述雪融化的故事。考虑到产品的新品属性,世贝保留了品牌被消费者所记忆认知的视觉资产——益达 logo 及后方的弧线。在此基础上引入 IP,搭建出滑雪故事场景。此举既保留了品牌原有视觉资产与设计体系,也增强了 IP 与品牌的互动性。

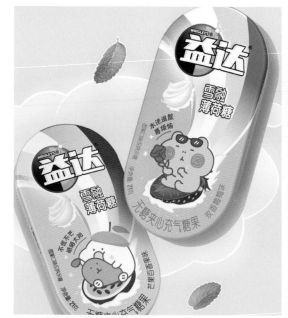

1 创意指导　Heven
　　设计　　　Nicole Alice
　　项目管理　Arthur Junee

2 创意指导　Heven
　　设计　　　Nicole Lisa Tony
　　项目管理　Arthur Junee
　　文案　　　Junee

四季宝风味复合调味酱 [1]

本项目世贝同步考虑瓶型设计及瓶身的标签设计，打造一款方便中餐厨师使用，且能够突出表达风味的花生酱产品包装。设计着重呈现产品柔滑、风味足的特点，用笔刷质感借鉴写意书法，展现中式烹饪的艺术性，突出产品调拌增香的特点。

安佳轻醇风味酸奶 [2]

本项目中世贝面临的重要挑战是：如何为 "Pure-Up 轻醇" 呈现独特的视觉效果，并以被消费者记忆的方式，展现新西兰原产地的纯净感。最终呈现上，世贝以趣味插画形式，融合新西兰地域特色元素，打造从logo 到包装设计一体的纯净感。

Munchy's 夹心饼干 [3]

设计着力强化了整体的欢乐氛围和动态感，为 Munchy's 夹心饼干打造了清新、明快、自然的风格，凸显"时刻轻松"的产品理念，让作为零食饼干主流消费大军的年轻人产生消费共鸣。

玛氏希宝生骨肉冻干 [4]

出于对产品工艺的研究，及对品牌高端、日系调性的把握，世贝在考虑高端感的同时，重点放在如何将产品的野性与粗犷最大程度还原，为消费者讲述工艺故事。将食材与产品以"阴阳两极"的太极形式摆放，呈现两者相互转化的关系，传达产品"锁鲜"工艺并隐喻动物天性。

43

[1] 创意指导	Heven	[2] 设计	BZ Jack	[3] 设计	Jack Lisa	[4] 创意指导	Heven
设计	Lisa Nicole	项目管理	Cindy	项目管理	Cindy	设计	Lisa Nicole
项目管理	Arthur Junee					项目管理	Arthur Junee

酷幼婴幼儿食品

禾作对酷幼品牌进行人格化的"心貌"塑造，为专研母婴及保健食品的酷幼生物科技打造了全新的 IP 形象——龙娃，希望通过一个贴合品牌精神的符号，达成品牌与消费者之间的情感交流和价值共鸣。同时，禾作将整体的 IP 形象与包装色调及受众群体可接受心理相结合，形象元素和外包装相融合，使产品更有辨识度。

如今包装与商品已然成为一体，不再单纯地作为一种储存和保护功能的容器，它接受了新潮流的使命，成为一种销售媒介，成为实现商品价值和附加值最重要、最不可或缺的因素之一。包装不仅能赋予商品独特的个性，利用针对性的视觉形象吸引受众人群眼球，同时还不断地向消费者"吆喝"着购买理由。无论是画面上还是造型上，包装作为一个重要的企业营销利器，必然要考量其与品牌的关联。

—— 总监 孙晓宇

设计总监　孙晓宇
设计　　　于小滨　麦子

醉红楼彩瞳

禾作在呈现产品特色与美学均衡的需求下，还原《红楼梦》中经典故事场景，让概念的"场景再现"与美瞳本身花纹中的元素相呼应。同时，禾作在设计中运用了剪纸工艺笔触。盒型设计上，禾作将每一种镜片花色的图案，运用镂空翻盖的方式与插画相扣，让镜片上的花纹图案符号感更强。便携巴掌方形盒全系列平铺似小书陈列，见图浅阅，增添了开盒的小情致。

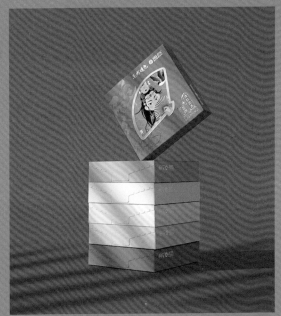

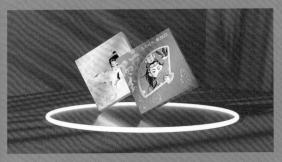

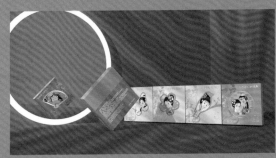

禾作文创·上海

设计总监　孙晓宇
设计　　　于小滨　麦子
策略　　　曹睿

神秘谷湘西黄金茶

包装取自金元宝造型，底部纹理既是山谷纹，又如茶杯中的涟漪。黄金比例标作为视觉中心，充分展示品牌符号，聚焦传播重心。三个要素组合，即便褪去颜色，依然具有强标识性。品牌标志黄金比例标是平面"可视化"，品牌包装则是立体"可视化"。神秘谷好山产好茶的区位优势，差异化的包装形式让"天生好茶"成为"品牌好茶"。

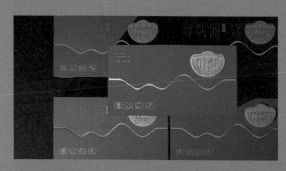

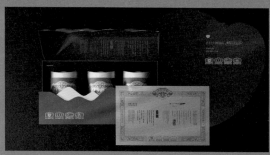

设计总监　孙晓宇
设计　　　于小滨　麦子
策略　　　吴琼

冷酸灵猫爪刷 [1]

"萌"是它的主题,既是产品的理念诠释,也是我们对于生活态度的赞美。生活美好,万物可爱,如同猫治愈人心,希望产品也可以为生活带去柔软与"萌",实现心灵与牙齿的治愈。

冷酸灵福运流彩新年礼盒 [2]

福运、流彩都是蕴含新年祝福的传统元素,通过对其进行全新演绎,赋予现代时尚美感。精雕剪纸立柜和缤纷流彩抽屉,灯光与重重精美的插画纸雕营造出东方秘境。

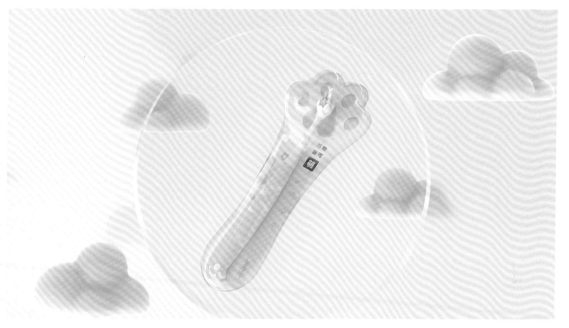

这个行业,被天然赋予了一种隐形的权利和义务。

逻辑+审美,是商业作品的最简义内核。好的商业设计师和策划,同时也是一个好的社会行为学观察者,善用目标美学的逻辑,对商业需求观察、创想后进行再创作。

在修炼创作手法的同时,真正去关心客户的客户,才是这个行业得以良性循环的健康土壤。心怀信仰和温度,落回最踏实的本质,向下扎根向上开花,是五克氮²至今都在坚守的初心。这份初心,也使我们发自内心地相信需求没有大小,每一份信任都有重量,都值得被认真对待,都有机会变得更美好。

—— 五克氮²

五克氮²创意设计·上海

[1] 设计总监　奚晨祥
　　创意总监　辰凌
　　设计　　　马祥　JK

[2] 设计总监　奚晨祥
　　创意总监　辰凌

山饮云镜中秋礼盒

朴实的竹子与白瓷的简洁自然，建立起独一无二的东方质感，垛田与月亮元素几何化融合表现于盖板之上，这一切都在结合美学、实用主义，传承古老中式习俗。

礼盒每个部件均可组合再利用，材质也均为环保原料，充分兼顾了实用性、美观性和环保性。

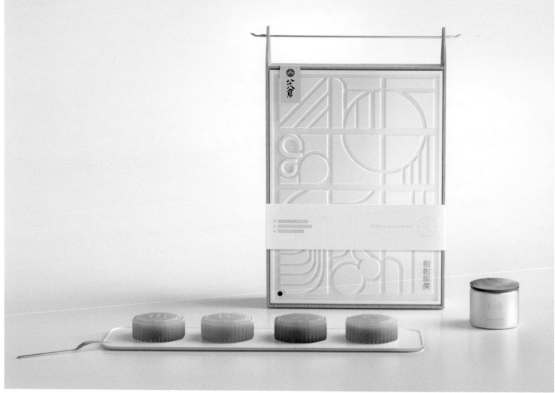

五克氮²创意设计·上海

设计总监　奚晨祥
创意总监　辰凌
设计　　　应键　萝卜

卫康四大美人礼盒

"倾城"美瞳系列以中国古代四大美人为灵感。包装承载这段历史长河中的国色美学，沉鱼、落雁、闭月、羞花，把一段段倾国倾城的故事跃然包装之上。

包装上每一个视觉元素倾注的不只是产品，更是一部中华传奇故事，赋予产品精神文化内涵。

五克氮²创意设计·上海

49

设计总监　奚晨祥
创意总监　辰凌
设计　　　毛毛　萝卜

万物发生新年礼盒 1

这款礼盒结合了中国伟大发明"活字印刷术",将富有特色文化寓意的汉字与丰富的现代工艺、充满未来感的材质相融合,将中国文字的"历史""现代"与"未来"之美淋漓展现。

东北大板经典雪糕 2

在赋予老品牌全新包装升级的同时,保留了品牌所独有的味道,同时突出了产品更"厚道"、更"香浓"的记忆点,无论是在视觉还是味觉上,都将品牌最好的一面延续下去。

五克氮²创意设计·上海

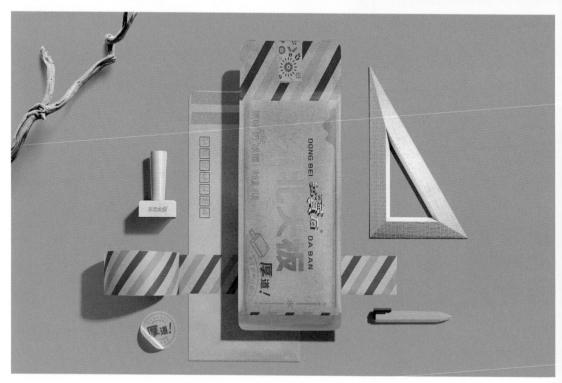

1	设计总监	奚晨祥
	创意总监	辰凌
	设计	毛毛

2	设计总监	奚晨祥
	创意总监	辰凌

云南白药系列牙刷 1

利用品牌强识别特征"云"字打造的系列包装，保持了品牌统一性和识别力的同时，也最大限度地保证了每一款产品独有的功能及特性。

京东"双12"爱宠礼盒 2

以"盒以为家"为主题，打造一款可DIY改造的治愈系爱宠礼盒。在为每个萌宠带来健康的同时，也体现了环保和爱护地球的品牌价值。

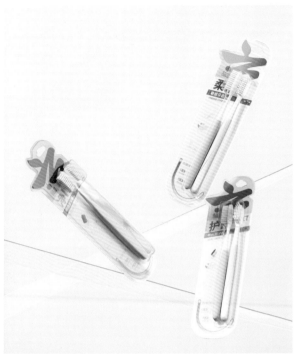

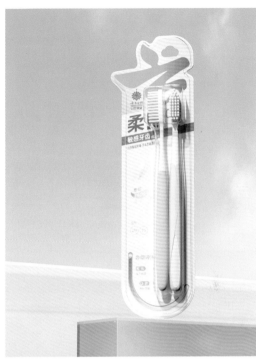

五克氮创意设计·上海[2]

1　设计总监　奚晨祥
　　创意总监　辰凌
　　设计　　　萝卜　小玉

2　设计总监　奚晨祥
　　创意总监　辰凌
　　设计　　　起铭　秋水

设计只有在实际应用中才能展现其真正的价值。在 Qinsight，我们以设计落地为核心，将创意与实用相结合，为客户创造出与品牌形象和市场需求完美契合的设计方案。

美学与功能的平衡，需要深入研究市场趋势和消费者行为，结合创新的材料和结构设计，打造出吸引人眼球、易于使用和与品牌风格相契合的包装解决方案。

设计不仅仅是美的展示，更重要地是为客户创造价值。Qinsight 通过将设计理念与市场需求相结合，为客户提供切实可行、能够产生积极影响的设计方案。

无论是品牌设计还是包装设计，Qinsight 的目标都是为客户提供具有创意和实用性的设计解决方案，让他们的品牌在市场上获得更大的成功和认可。以客户的成功为导向，不断努力追求设计的卓越，成为他们最可靠的合作伙伴。

—— Qinsight 创意总监 闻天硕

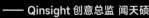

正章洗护包装

诞生于 1925 年的百年老字号品牌"正章"，素以性能稳定、使用方便、口碑俱佳著称。此次包装以解决正章产品的品牌感为出发点，采用方形瓶体造型，正反面采用透明不干胶材质，双侧面丝印，以正章 logo 中的符号为主视觉，力求为未来整体产品升级做好铺垫。

创意总监　　　闻天硕
资深设计师　　朱俣洁
设计师　　　　刘亚慧　陈文斌

SHREDA 诠润

山东福瑞达旗下品牌"诠润",作为专注弱敏肌领域的修护专家,提倡"外护屏障、内修肌质"的敏感肌解决方案,设计采用内修外护的"肌理"模型概念符号为主视觉,呼应"诠润"提倡的专业科学的护理方式。

通过颜色定义不同产品线,将渐变的工艺呈现在产品及包装上,以传递产品由外至内向肌肤渗透延伸的功效。

在 PR(公关)外盒的创意上,赋予了护肤小屋的概念,通过产品功能的区分,设计上划分了日护夜养的功能区,以传递品牌精准、专业、科学的护肤理念。

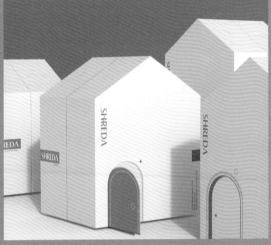

浅行创意(Qinsight)·上海

创意总监　闻天硕
设计总监　李文婷
设计师　　李良帅　陈嘉玮　陈文斌
3D设计　　闫旭

三得利 蜜香系列果味饮料 ❶

三得利 水漾力电解质饮料 ❷

三得利 沁桃水 / 沁葡水 ❸

延中 苏打水 **1**

毛铺 小荞酒 **2**

狮王 趣净泡沫洗手液 **3**

味之素 天添鲜味精 **4**

1 **2** **3** **4** 秦伟设计团队

贤草品牌战略营销咨询·上海

对于品牌，首先要思考所在的品类是否有长期趋势性品类机会。因为趋势性的品类随着时间维度的拓展可以拉得足够长，更加值得我们通过长期持续性的资源投入与深耕来建立竞争优势，从而实现持续性增长，把握住品类成长红利。

看到了品类机会，就需要考虑产品开发了，所有创业公司如果离开了产品，那就什么都不需要谈了。做产品要回到底层思考，要考虑第一真理时刻和第二真理时刻。

对创意公司而言，就是帮助客户解决第一真理时刻：当把产品放在货架上的时候，包装是否成功引起了消费者的注意？如果没有这一点，基本上也没有后面的初心、使命、愿景、价值观……什么东西都没有用。第一真理时刻是初创品牌做产品包装时必须保证的，无论是色彩、符号、造型……总的来说必须让消费者从众多产品里一眼就能看到你，并有积极尝试的欲望。

过去包装设计的货架理论是 3 秒法则，现在竞争环境愈加激烈，也许只有 1 秒的机会了。商品的包装需要快速解决我是谁（品牌），我卖的是什么（品类），你为什么要买我（独特的购买理由）三个要点。每个品牌、品类与产品面临的阶段与竞争环境不同，问题不同，设计解决方案就不同，一切围绕现场，绝不能刻舟求剑。

—— 贤草

诺梵松露

我们从松露巧克力的外形入手，创造了一个形似松露的超级三角椭圆，并命名为"诺梵圆"，这个"诺梵圆"被广泛应用于诺梵松露的品牌包装设计中，相比其他同类产品，诺梵松露独特的包装造型与图案具有更好的辨识度，能够快速在货架上脱颖而出。2022 年，该产品上市后，3 个月销售额超过 7 亿元，成为巧克力品类的超级爆品。

创意总监　吕荣华
客户经理　Tina
插画　　　汪志强
设计　　　汪志强

卤味觉醒鸡胸肉干

卤味觉醒是新锐肉类零食品牌。鸡胸肉干是其主打产品线。贤草为卤味觉醒建立了一套醒目而严格的视觉识别系统，包括色彩、字体、符号、版式及图形应用规则。在包装画面上，上半部分，品牌成为最重要的识别主体，下半部分，不同地域口味对应了不同地区民族着装、不同动态的白羽鸡形象，并指向真实拍摄而食欲十足的鸡胸肉干图形，吸引消费者注意。

正面撕口处与背面都通过手绘画面与手写字体讲述了一只好鸡的故事，生动有趣地增强用户对产品品质的认知，形成鲜明的品牌与产品识别。新包装助力卤味觉醒从激烈的线上线下竞争环境中脱颖而出，增长势头强劲。

贤草品牌战略营销咨询·上海

创意总监　吕荣华
客户经理　Tina
插画　　　吕荣华
设计　　　吕荣华

T9 金色伯爵红茶

T9 金色伯爵红茶（T9 GOLD EARL GREY BLACK TEA）将意大利天然佛手柑精油添加入珍贵的红茶中进行制作，不同于化学香精调味的普通伯爵茶，产品中天然佛手柑的香味是其独特之处，这需要通过包装展现给消费者。艺术家手绘的枝叶茂盛、繁花盛开的佛手柑造型，满铺整个包装外盒，叠加细腻的放射线条，香气仿佛四溢出来。外盒采用精致的布纹艺术纸张，精细的手绘线条采用满版烫金工艺，内部罐子则整体镀金，打造出璀璨的视觉效果，所有细节让这个包装奢华感十足。外部纸盒采用循环纸张，内部金罐则可以用作精美的小收纳盒，便于二次利用。

贤草品牌战略营销咨询·上海

创意总监　吕荣华
客户经理　Tina
插画　　　吕荣华
设计　　　吕荣华

香气游园会

贤草以东方独特的"道法自然"理念，聚焦"AROME ORIENTAL"这一定位，来设计品牌与开发产品。以东方传奇爱情故事"牡丹亭"为创作原点，为"香气游园会"提炼双层亭台、竖条纹、鼻烟壶瓶型等品牌视觉符号系统。在产品包装上，品牌 logo 设计在了盒子顶部，而正面手绘的牡丹亭以统一的大小与位置成为视觉中心，创造一致性的视觉识别体系。

包装画面采用中国传统国画中"琴弦描"技法绘制，象征香气的部位采用烫金手法突出，展现香气萦绕的美感。包含包装、卡片、袋子以及快递物流箱等，所有的物料都聚焦品牌的核心视觉元素进行开发设计，建立具有强烈东方韵味、与众不同的品牌形象。

贤草品牌战略营销咨询·上海

创意总监　吕荣华
客户经理　Tina
插画　　　方雨婷
设计　　　方雨婷

金龙鱼地方风味面条

在中国市场，带有料包的素食面条市场发展迅速。作为食品快消巨头，金龙鱼凭借产品与渠道优势，也正式推出这一品类。在中国，面食是非常广泛但又有强地域特色认知的品类，在"中华地道面食"这一产品线设计上，贤草在包装正面与顶部突出每一款面食的地域名称并通过激凸工艺进行强化，结合满铺的抽象面条纹样，金色的产品标签，无论正面侧面，都让消费者在货架上一眼就可辨识出自己喜欢的产品口味。包装正面还融入了各地域人群形容"好吃"的方言，与消费者产生互动，拉近了同乡人的心理距离，建立起具有地方味道和温度的产品形象。

该包装荣获 2022 年 Pentawards 包装设计奖铜奖。

贤草品牌战略营销咨询·上海

创意总监　吕荣华
客户经理　陈刚
插画　　　刘姝彤
设计　　　刘姝彤

金山硬红全麦粉

金山是金龙鱼旗下，针对专业级用户的高端烘焙粉品牌。2021年，贤草为金山重新定位与设计了品牌，包括推出品牌口号"专业烘焙用金山"，并重新设计了品牌标识。全新推出的产品包装，画面捕捉专业烘焙师在工作中做面包与蛋糕时听声、闻味、裱花等细节元素，这些烘焙师熟悉的工作细节能够很快唤起烘焙师的共鸣。原 logo 中的金山图案则被重新描绘，放到包装的上半部分，形成品牌完整的视觉体系。所有的细节全部由设计师手绘完成，塑造出专业的品牌格调。

该包装荣获 2022 年 Pentawards 包装设计奖铜奖。

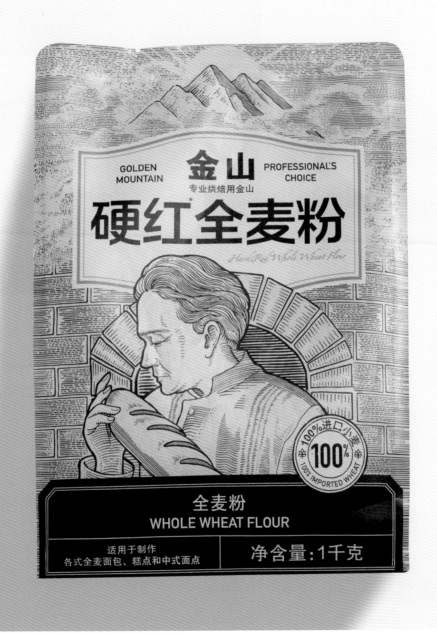

创意总监　吕荣华
客户经理　陈刚
插画　　　方雨婷
设计　　　方雨婷

正官庄原支参礼盒 ❶

正官庄天参礼盒 ❷

COSONE · 上海／伦敦

62

❶ ❷ 出品方　　正官庄
　　　创意策划　COSONE　正官庄
　　　创作者　　COSONE团队

新消费时代下品牌价值的内涵由品牌力（品牌价值的创造能力）、产品力（尖端研发、创造需求的能力）、设计力（品牌价值可视化的能力）以及内容力（品牌内容营销的能力）共同构成，并且由这四个板块相互驱动提升。

其中设计力能做到将品牌价值可视化，能调动消费者的情绪价值，促进消费者与品牌建立更深的联系。设计力贯穿品牌的整体生态，是品牌需要重点把握的方向。

—— 马万山

佰草集双石斛PR礼盒

出品方　　佰草集
创意策划　COSONE　佰草集
创作者　　COSONE团队

嘉华鲜花饼

嘉华手作鲜花饼礼盒系列焕新，以"花"为主题，加强礼赠感，以工笔画风绘制花、叶、枝丫，辅以金线点缀，花环缠绕，芳华馨香。

创意总监　Jun Fujiwara
设计　　　Anne Grützner
客户经理　张华夏
文案　　　船长

ShinkoQ
Antipollution Hair Care

ShinkoQ

以在中国和日本销售为前提,带着"找到头皮护理新方案,树立洗护市场新品类"的任务,鼓蓝都对以往竞品,包括各个品类的头部产品进行了彻底的调查。要做的并非只是迎合流行,而是在保持新奇性的同时,做具有王道感且容易被记住的设计。

除了线上售卖,产品也会入驻 LOFT 等杂货铺,因此鼓蓝都走访各类线下店铺,反复推敲货架"亮眼"对策。鼓蓝都制作超过 100 个方案,并在中国和日本进行问卷调查,最终选定以简洁有力的"／"来表现"Anti"的概念。"／"的大小和粗细也经过深度考究,以达到近乎完美的平衡。

创意总监　Jun Fujiwara
艺术指导　Koji Kitada
主设计　Nayuta Ozaki
设计　Kano Kameda
　　　Natsuko Aoki

统一 雅哈老汽水 ①

统一推出全新产品 A-Ha 雅哈老汽水，灵感源于北方的经典碳酸饮料"嘉宾气泡水"，风靡大街小巷的独特口味是许多人"童年回忆"的味道，并随着近年来国潮国货的复兴成为网红汽水。设计为其选择了经典红 + 蓝的配色，结合复古的老式斜线设计打造充满王道感、醒目的包装形象。

欧丽薇兰 ②

IOC 国际大奖获奖限定包装，黑金配色加镂空外盒彰显尊贵质感，同时在瓶身增加金色立体围标展示获奖信息，传递欧丽薇兰顶级专业的品牌调性。

Lemon11 ③

强势的"柠檬 + 数字"视觉锤结合排版，设计传达出功能感的同时表现了气泡饮品的清爽刺激感。

伊利酪酪杯 ④

伊利联名宇宙顶流——奥特曼家族，带来新品酪酪杯沾沾饼干。整体设计以奥特曼 IP 形象为主体，结合风格酷炫的设计吸引目标消费者，美味、趣味的同时不失品质感，打造在货架上醒目吸睛的效果。

① 创意总监	Jun Fujiwara	② 创意总监	Jun Fujiwara	③ 创意总监	Jun Fujiwara	④ 创意总监	闵惠圣
设计	Chang	设计	Ryouhei Sato	设计	Nobuaki Nakabayashi	设计	荣荣
客户经理	张华夏	客户经理	张华夏	客户经理	张华夏	客户经理	张华夏

当人们对 iPhone 简洁而有力的设计，对简约的日式风格、扁平化设计以及"断舍离"的生活方式津津乐道时，一定会想到一个词 —— 简约美，即尽可能地"少"，剔除一切不必要的元素。极简主义（minimalism），也就是 less but better 设计理念。

那么 less but better 里的 less 到底指的是什么？德国博朗著名设计师 Dieter Rams 曾说："一个好的设计一定不是靠形式主义堆叠起来的。" Rams 弱化了"少"与"好"的因果关系，而强调了"少"与"更好"的并列关系，在能达到同样效果的前提下，尽量使设计更为简单，而不是盲目地为少而"少"。

极简设计不是形式上的简单。而是带着解决问题的思维，去除对解决问题没有帮助的元素，找到一条最简途径。途径自然不止追求大量留白这一种。而是只抓重点（别想着什么问题都要解决），或是从一个想法出发，用最简单直接的方式诠释创意。

—— 西克德

花王 乐而雅卫生巾系列

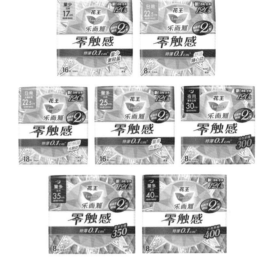

DAISO 常规商品系列

卢家世代钧窑

这款钧窑瓷碗的包装概念再现了高温烧制过程。包装正面模拟了高温烘烤纸张的痕迹，让人感受到物理与化学的变化，最终定格成美学的成型过程。外包装的插画则意在描绘与再现中国钧瓷之都神垕古镇。现代平面设计风格使其有新旧融合的感觉，并赋予其厚重的历史感。此外，包装可以拼接组成完整的长卷图像，从而易于识别并在货架上脱颖而出。

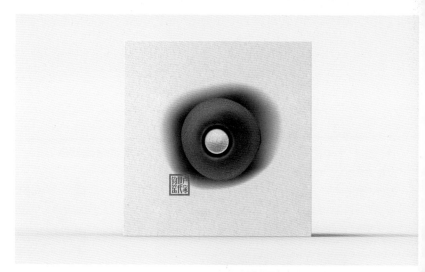

高琛创意·上海

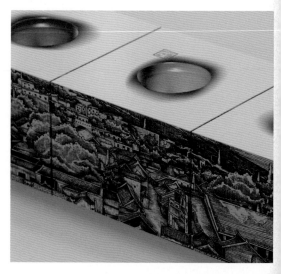

创意/设计　高琛
插画　　　代丽华

啜品 - 老挝 春茶包装 ❶

此款茶叶外盒选取了老挝当地常见的椰壳作为材料，通过加工压制而成，环保可降解，体现了取自大自然，保护大自然的环保生态理念。插画选自老挝传统文化，独具特点的小乘佛教，以及南亚的植物建筑等元素，和现代平面设计的手法糅合在一起，清晰展现了产品的地域特点，时尚又具有文化厚重感。

法兰多谷 ❷

贺兰山东麓，是新兴于中国的葡萄酒产区，位于"丝绸之路"的要塞银川，这里是东西方交流的核心地带，文化、宗教在此处汇聚沟通，文明在此处生根发芽，设计师从这片土地上发生过的故事中汲取灵感，将文化符号融合于波尔多瓶上，以设计师的视角，致敬这片土地上东西方文化符号的一次次的相遇、交流和融合。

高琛创意 · 上海

69

1 创意　高琛
　　设计　郭占魁
　　插画　代丽华

2 创意/设计　高琛
　　插画　王华

粹参牌人参胶囊

该产品为蓝帽子保健品，必须符合密封性、GMP 认证（《药品生产质量管理规范》）和国家的严格规范要求，市面上药板包装多为千篇一律卡纸装药板，单调乏味、档次低。此设计采用了双铝药板的基础包装形式，以保障其密封和 GMP 的要求。

高琛创意在药粒的排列方式及外盒的设计上做了精细升级：利用外盒的纸张质感与药囊金属质感做对比，犹如一粒一粒镶嵌其中，实现产品对品质档次的需求；单面挤压打开方式，不打开外盒即可取出胶囊，更加方便。最终实现既保证药品的包装硬需求，又能获取更好的用户体验感。

高琛创意·上海

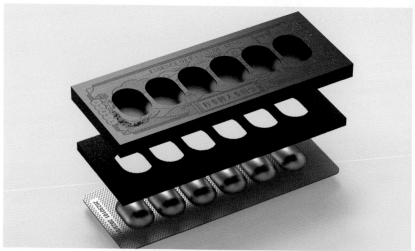

70

创意　高琛
设计　郭占魁
插画　代丽华

雀巢咖啡 - 冷萃系列 1

"COLD BREW"系列咖啡是雀巢旗下即饮咖啡品类中的高端系列。YUDO针对原设计的英文系列名"COLD BREW"在传播过程中不易被理解的问题，全新设计了中文"冷萃"logo，同时将其灵魂"冷"的概念以冻在冰层中的咖啡豆的形象体现出来，通过强调冷萃制作工艺的"过程型导向"，使消费者的注意力集中在"冷萃"本身的特点上。

RIO - 清爽 2

结合 RIO 系列产品"清爽"的特点，底色以白色与天蓝色的搭配形成品牌主色调，体现清爽感。主视觉表达上通过切水果的创意，在建立上下斜切式的系列格式符号的同时，传达爽快的感受，明快的色调与创意图形的结合传达系列"清爽"的品牌核心概念。

71

1 2 佑道创意团队

佑道创意（YUDO）· 上海—东京

匠人精神是我们对待设计和工作的态度，我们理解的匠人精神就是把自己该做的事情尽最大努力做到最好。低调、务实、诚恳。

—— 总监 玄世峰

统一·茄皇系列方便面

借助统一的品牌力与产品的品质优势，通过打造具有差异化与货架醒目度的包装设计与市面上常规化的西红柿面区分开来，赋予品牌更具特色的性格。确立了简洁大方、生动可爱、色彩鲜明、阳光自信的设计风格。将设计的重心放在 IP 形象、色彩、场景化故事塑造三个层面上。

根据不同口味设定了一系列场景故事，不同食材与茄皇互动，面条则贯穿在所有故事之中。鸡蛋面的包装中，鸡蛋君与茄皇共抢最后一根面条。牛肉面的包装中，将面与琴相结合，让茄皇与小牛君演绎了"对牛弹琴"的经典故事。

佑道创意团队

白象 - 火锅面 【1】

设计强调"火锅面"的品类名称，形
成第一视觉层级，使其一目了然。
将品牌灵魂的"火"字作为个性化视
觉表达元素着力刻画，巧妙运用其
笔画特征，创意设计为被辣到呼气

的人物表情，通过爆炸框等漫画风
元素与食欲感照片的结合，在提示
口味的同时，烘托年轻热辣的氛围。

白象 - 汤好喝 【2】

白象汤好喝系列包装升级，使用暖
帘形态设计，重新塑造 logo 品牌区
域，将白象、汤好喝、高汤面三层
重要信息集约为统一的整体，创建
品牌全新的视觉符号。通过增加面
碗中汤的展示面积以及汤勺的主视
觉表达，集中体现产品卖点——"汤
好喝"。整体版式布局延续中式风格，
强化国货属性。

73

1 2 佑道创意团队

来伊份 - 咬果吧系列 🔳

以食欲感与插画风相结合的表现手法，将口味水果与可爱的小动物身体部分的形态特征巧妙结合，打造"咬果吧"趣味、创意、休闲的世界观。

统一 - 双萃柠檬茶 🔳

基于双萃柠檬茶鸭屎香口味源自潮汕的品牌设定，采用书法体 logo 结合中式版式设计，通过简洁明快的配色创建品牌视觉资产，柠檬与背景冰块的组合凸显冰爽感。

🔳🔳 佑道创意团队

RIO－微醺春季限定版 1

以夜樱为主题，运用水彩风插画描绘夜樱、提灯、月影的唯美意境。从崭新的视角诠释樱花主题，深蓝色调搭配浅粉色樱花，罐身以亚光磨砂质感呈现，与樱花季众多粉色的产品形成显著区别。

RIO－微醺系列 2

针对品牌 logo、包装格式、色彩规划以及主视觉呈现等进行全面的升级打造，重点解决极致食欲感以及微醺意蕴的设计表达。对水果的表面质感、最具特点的角度呈现、色彩、

肌理等多方面进行深入的研究测试，并将"微醺"的概念通过水果与下方阴影构成的无重力状态进行呈现，为原本静止的画面注入了一丝微醺的动感表达。

RIO－本榨系列 3

为了突出本榨系列果汁含量高的特点，在构图上以大面积的水果占比以及果肉的肌理呈现，饱和亮丽的色彩等着重刻画水果的食欲感，结合流淌的汁液表达产品果汁含量高、

口感好的特点。酒杯元素相对弱化作为点缀，根据口味替换不同形态的酒杯，在细节上丰富设计的个性表达。

1 2 3 佑道创意团队

很多企业对质量品牌和品牌质量的关系认识得不是很清晰。企业的品牌工作，从组织结构上来讲，隶属于科技和质量管理部门。一直以来，政府所强调的是以科技创新和质量管控来创品牌。当然，中国企业的质量和技术创新，目前确实是一个很棘手的问题，任重道远。但是这并不是品牌工作的全部，更不是品牌的终极目的。这充其量只是品牌培育的一个基础，或者说是一个过程。没有好的质量和技术的差异，品牌当然无从谈起。但只有好的质量和技术的差异就会成功吗？能成为有世界影响力的品牌吗？除非做到极致，而且一辈子做到极致，那就是一种工匠精神。这种精神是精致的人类对生命意义的追求。品牌终究是一个意识形态，或者说是属于上层建筑的东西。我们不仅要关注质量品牌，而且要花心思去关注品牌的质量。现在产品质量确实可以做到很好很优秀，现在谁也不能否认，我们能做出世界上最好的产品，但是我们却仍没创造出中国最好的品牌。

我们一直都把品牌等同于质量，等同于技术创新，而忽略了品牌和消费者的关联，人文精神和文化内涵，这才是品牌自身的质量。世界级的品牌企业这点做得很好，他们让品牌变成产品和企业的灵魂，并找到企业产品与顾客灵魂沟通的方式和手段。

要破局就要聚力，聚力才能形成企业精神。聚在哪个点，首先应该思想统一，找到这个点才能决定"开战"，思想最核心的是要有一个很好的定位，还必须要有支撑这个定位的创新性战术。有了有效战术才能组织成这场"商战"。

—— 董事长 潘文龙

三人行·上海

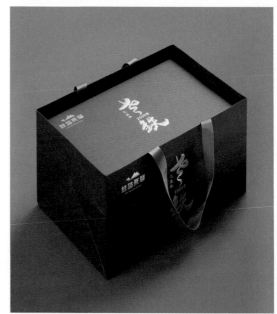

邮政惠农 × 丝路茶驿 老铁礼盒

老茶亦称陈茶，12 年老茶方能达到铁观音陈茶的标准。

外观上采用传统陶罐存储保留陈茶精华，创意取自南瓜形，体现绿色纯天然茶品，汝窑传统工艺制作；生肖年份老铁包装盒内附中国邮政2021年《辛丑年》大版邮票。

创意指导　潘文龙
创意总监　焦婷
3D制作　朱虹露

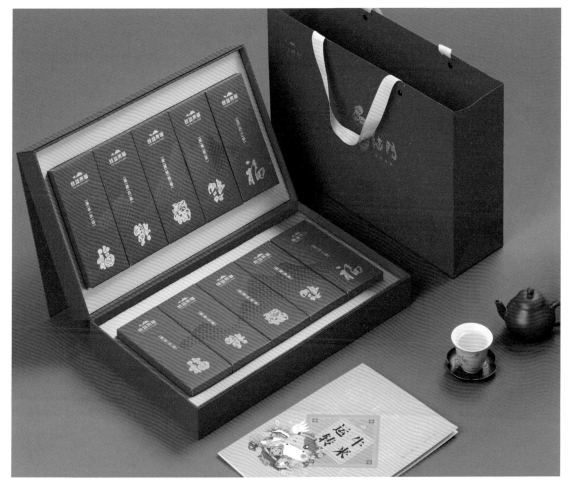

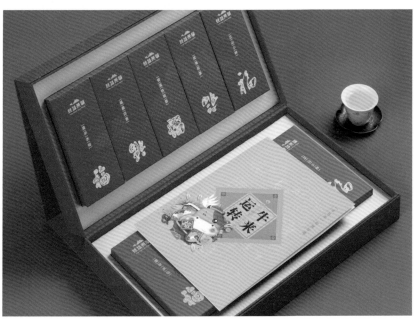

邮政惠农 × 丝路茶驿
五福临门礼盒

将福建省五大名茶与五福临门相结合，通过民俗剪纸方式表达五个福字的不同变化。茶包含漳平水仙、福鼎白茶、安溪铁观音、武夷岩茶和正山小种。设计展现福建茶文化与五福临门之意，突显了福建的传统福文化，并向消费者传递幸福和吉祥的愿景。

创意指导　潘文龙
创意总监　焦婷
3D制作　朱虹露

邮政惠农 × 丝路茶驿
安溪铁观音（清香型）

丝路茶驿 logo 的骆驼山图形为主视
觉，清新的孔雀蓝代表安溪铁观音
的清香型幽兰香，传递清香与优雅，
与铁观音的清香完美呼应。

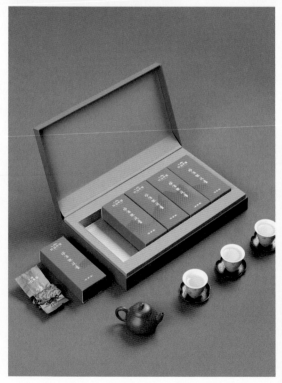

78

创意指导　潘文龙
创意总监　焦婷
3D制作　朱虹露

邮政惠农 × 丝路茶驿
安溪铁观音（浓香型）

丝路茶驿 logo 的骆驼山图形为主视
觉，厚重的咖啡色展现安溪铁观音
的浓香型乌龙特色。深沉的咖啡色
突出安溪铁观音浓郁的香气和口感。

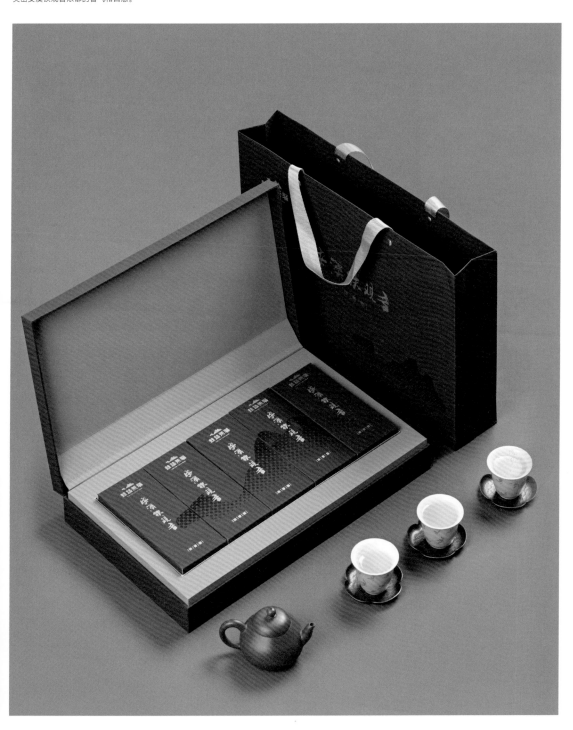

三人行·上海

创意指导　潘文龙
创意总监　焦婷
3D制作　朱虹露

三棵树 艺术涂料

这是三棵树一款高端艺术涂料的包装设计，旨在实现自然、艺术和家居的完美融合。主体采用抽象几何元素的多元组合展现独特视觉效果，传达追求质感和轻奢的产品卖点。顶部桶盖加深凹陷程度，可作为施工托盘。

艺术涂料不是简单的装饰材料，而是乐享品质生活的精神与灵魂呼唤。因此，该包装从自然、家居和原料中提取抽象元素，通过巧妙拼接、分割和组合，传达企业所追求的"健康、自然、绿色"的理念。

团队充分考虑到涂料产品在运输、储存和使用中的功能性需求，大胆放弃了传统的圆柱桶形，创新采用圆角四边形。这不仅实现了容量的增加，也有效减少了运输的损耗。此外，包装增加了顶部桶盖的凹陷深度，使其可变为施工的辅助工具，实现设计美感和实用的统一。

三棵树·上海／莆田

三棵树 森选系列

三棵树作为中国涂料行业领先品牌，始终以绿色健康的产品和服务满足人们对美好生活的需求。

森选系列包装融入"森林生态"的概念，以森林中的山谷、河流和动物等自然元素作为主视觉，并将其转化为连续的图形，营造出自然清新、宁静祥和的画面氛围，并直观地传达品牌"树立天地，绿满世界"的愿景和"健康、自然、绿色"的理念，强化其亲近自然的形象。

画面巧妙运用了光影，使各类珍稀动物的剪影更为突出，从而在视觉上强调自然美学的生态感，并从内心深处唤醒观者对自然的向往和保护意识，促进人与自然和谐共生理念的传播。另外，设计团队将绿色（代表自然生态）和橙色（代表暖心家居）相搭配，使品牌成功构建了产品与自然生态和健康居家生活之间的联系，强调使用绿色建材，让家如临森境。

三棵树·上海／莆田

怡兰葆 illombo

一个专为东方肌肤研制的纯净美妆
品牌。白茶赤芝系列以东方名茶"白
茶"为主的植萃成分作为原料来源。
以产品作为载体，令消费者从观、味、
触、效四个维度沉浸式地体验护肤
过程。

三棵树·上海／莆田

怡兰葆
illombo

怡兰葆　White Tea
Reishi Soft Cleansing
Balm

品牌包装设计已经成为企业整体品牌策略中非常重要的一环，它不仅仅是传递产品信息和保护产品的手段，更是关键的营销工具，它可以帮助产品与竞争对手的同类产品区分开来。在如今电子商务和包装的可持续性日益被重视的环境下，品牌包装设计已经进入一个新的阶段。除了传递品牌信息和保护产品，品牌包装设计还可以展示公司的社会责任和可持续性承诺，这是消费者越来越关注的问题之一。

现今，消费者每天都会接触到大量的产品信息，那些能够通过包装清晰、简洁地传递信息的品牌更有可能被记住。简洁的包装设计可以让消费者在短时间内理解品牌的核心理念，从而更容易建立品牌认知和忠诚度。除此，品牌包装设计还可以创造品牌体验，让消费者对品牌有更深入的了解和认知。

消费者越来越意识到他们的购买决策对环境和自身的影响，因此现在的品牌需要传达"永续"和"健康"的价值观，以吸引和留住消费者。品牌需要努力实践这些价值观，综合利用线上和线下资源，让消费者对品牌持续增加信赖感和忠诚度，借此提升品牌价值。

—— 总经理 冯炜棠

Je Dare - Skincare

Je Dare 致力于为亚洲女性敏感性肌肤打造专属保养品，以梅花坚定与高雅脱俗的寓意，结合 Je Dare 的 J 与 D，勾勒出带有东方韵味的品牌标志；辅助图形是花瓣造型结合几何线条，由内而外扩散的设计，传达品牌使消费者的肌肤绽放美好能量之意，传达无所畏惧、独一无二的品牌精神。

汎羽・台北／上海

品牌总监　冯炜棠
设计总监　曾琬凌
文案　　　林廷珊
企划助理　于若芸

imos - 手机保护系列 1

imos 为追求卓越高效的防护手机配
件品牌，秉持"不信有极限"的精神，
仔细打磨每件产品，为此重新打造
新标志，将宝石的六边形与盾牌造
型结合，打造一系列具识别感的包
装，传达 imos 提供给大家无后顾之
忧的全方位防护。

味全高鲜 - 料理高手 2

本产品标榜以天然食材成分精心萃
取，为您的料理增添绝妙美味。只
需加入一汤匙就可让料理风味独特。
透过精选的美味料理和天然蔬果插
图，呈现采用天然成分精心萃取的
理念。坚守原则，不添加防腐剂，
不仅让料理美味无比，而且能够让
人们放心享用每一道菜。

1 品牌总监　冯炜棠
　设计总监　曾琬凌

2 品牌总监　冯炜棠
　设计总监　曾琬凌
　设计　　　萧铭均

天生好米 - 富里米系列 ①

天生好米旨在让大众享用美味又安心的纯净食用米。本次针对富里产地做系列包装，绘制蓝绿相间的稻作区及山峦，将富里的纯净生态绘制成栽种区情景，整体设计风格清新、简洁，结合不同类别特点进行包装色调上的变换。

品牌标志更新

在新标志的设计上，以手绘线条勾勒出农夫样貌，展现自然神韵与笑容，呈现天生好米对土地的真诚以及产品的朴实、天然之感，带出"坚持出好米"的品牌精神，并以圆弧形设计创造出徽章效果，象征天生好米的稻穗饱满、结实。

 →

天生好米 - 食在安心系列 ②

本产品来自花莲富里稻米产销契作集团产区，从源头开始严格管控，口感极佳并带有特殊的香气。包装以东方绘画构图的抽象感，展现花莲优美的山水风光。

花莲山谷中种植出的优质稻米，让您享受美味和健康。

汎羽・台北／上海

① ② 品牌总监　冯炜棠
　　　设计总监　曾琬凌

味全 - 健康厨房风味调味料 

以纯净天然的食材为基材，提取出天然风味，完美替代家用味精和盐，让家庭烹饪更加轻松和便利。以清晰的设计表现简单配方、绝无多余添加物的诉求。

味全 - 健康厨房烤肉酱 2

健康厨房系列主打"忠于本质，少一点加工"，透过简单明亮的配色，带出清爽、低负担的健康厨房形象；使用挥洒笔触结合串烧配图，提升消费者对烤肉的想象与欲望。

味全高鲜 - 风味调味料 3

针对商用市场设计，产品卖点是严格把关来源的优质物料。特殊造粒技术，提升烹饪便利性，让用户轻松烹调美食。插图应用水彩风格表现口味，呈现质朴无添加的产品特性。搭配图片增添烹饪时提鲜美味的印象，激发味蕾，让菜肴更加吸引人。

1 2 3 品牌总监　冯炜棠
设计总监　曾琬凌

吴宝春 冠军面包盒 1

烫金效果展示面包烘焙原料及制作工具，采用放射状排列呈现出视觉张力。体现"结合好食材，做出好面包"的理念。

寓意中山 绿豆椪礼盒 2

礼盒设计为御盘造型，表达招待客人的最高敬意。设计以中山招待所建筑为视觉重心，用细致浮雕打凸勾勒建筑轮廓，木门窗闪着辉煌的金光，推开木门仿佛进入 20 世纪 20 年代上海中西交融的时代，时光倒流回到属于老上海的美好年月。

不二糕饼系列礼盒 3

传承老饼店的制饼工艺，新款礼盒设计为家传接捧第三代"不二糕饼"。新的设计与年轻一代消费群体产生沟通，延续汉饼文化。

1 2 3 东方包装设计部

文华东方 中秋珠宝盒

蝴蝶翅膀上独特烫金花纹作为设计亮点。秉持永续环保，赋予包装可再利用特性，用户品尝完月饼后，礼盒可作为风雅玲珑的多宝格珠宝盒，盒内镶有满月造型的明镜，并设有项链挂钩及戒指、耳环的收藏空间，可让消费者将生活雅趣珍藏于盒内。

老酋长 苏格兰威士忌圆罐

本产品为每款定制限量设计，并依照年份采用不同色彩进行区分，方便辨识收藏，圆罐包装为品牌赋予独特而又厚实的风格。

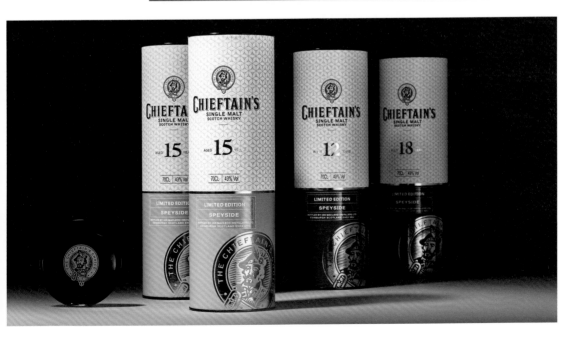

1 2 东方包装设计部

YUVOG 好果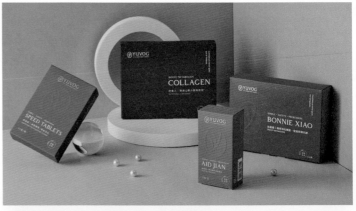

好果致力于让每个人相信最初真实
的自己。敦阜将品牌从产品名、标志、
整体视觉形象、产品包装全面升级,
为品牌溯源后深入分析产品特质,
提出全新的表达策略,让品牌时尚
与质感兼具,更具市场说服力。

老实农场冲泡式鲜果汁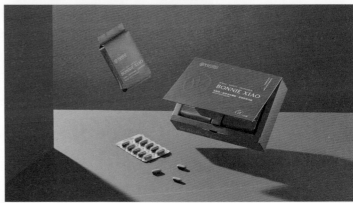

敦阜形象策略用新潮又带着文青气
质的诙谐方式为产品命名,年轻活
泼的视觉语言、充满朝气的色彩拼
贴,让产品穿上时尚新衣,展现鲜
萃的香气与口感。鲜活动感的双拼
水果插图,充分展现畅快挥洒的现
泡滋味。盒面四色印刷至金莎白卡
纸,双面上雾膜,让纸盒内部能在
冷冻状态卜防水,将水果插图局部
上光以凸显精致效果。

敦阜形象策略·屏东

1 2 敦阜形象策略

呷茶够够 **1**

"来呷茶"是闽南语里独特的问候方式。把"够够"放在动作后面，则表示"很够、非常"的意思。敦阜寻找茶、生活、文化与品牌创立初心间的关联，在茶叶意象中融合人影，在标志上展现两人相聚对视的图案，远看如同微笑的脸，表达呷茶够够"以茶牵起不散宴席"之意。呷茶够够的设计富有禅意文化感，也显示了品牌精神里的人情味和好客精神。

珐佳娜燕窝系列 **2**

以产品"独家燕窝萃取物"为灵感，绘制优雅的燕子形象，将其作为系列标志，并以极简的纯白为系列主色，表达产品洁净与纯粹的高级质感。将装饰简化为仅有起凸与烫银，没有多余的视觉干扰，呈现时尚利落的简约形象，成功提升系列产品的价值与质感。

好乐农庄 椿风满面茶油拌面礼盒

好乐农庄本次推出"椿风满面"茶油拌面礼盒，以"使用好油也要吃出健康"为理念，礼盒内含有茶油与面，并取茶油别称"椿"，将礼盒命名为"椿风满面"。

礼盒整体使用上下盖，外盒色块的设计表现出封套的精致感。打开礼盒映入眼帘的是一卷卷已经按份量卷好的面，采用简易包装将面条包裹起来，使用上便利且不浪费。苦茶油及油茶香菇油皆用玻璃瓶罐装，玻璃瓶容器无毒、无味、阻隔性好，并且具有耐热、耐压，可以从源头保证油品的安全。

艺术指导　李铭钰
资深设计　林梅芳

谢怡 心眸软糖 1

从女性的观点出发，强调美与健康。包装使用比较容易打开的方式，让各个年龄层都容易打开食用，且易保存。包装上使用亮丽的色彩，表现软糖丰富多样的营养成分，以清新专业的色调隐喻产品功能价值。

刺明珠 山海礼盒 2

以山岳湖海来表现中国古代的地景样貌，以五行方位，木火土金水来代表色彩，瓶身搭配相对应的六大神兽，用国潮风格手法来表现，六瓶合并在一起则是整幅中国古代地景缩影。

渥得设计·台中

1 艺术指导　李铭钰　　　　　　2 艺术指导　李铭钰
　资深设计　林梅芳　　　　　　　资深设计　张语庭

六甲农会 米品牌系列

选用粿印版画的形象来表现台南米食文化，并以米粒编织成日式花样图腾，辅以热腾腾的米饭外形镂空，来满足消费者喜见食物本身的样子，也帮助消费者去判断新鲜与否；手写品牌名的温度及色彩计划，重新养成消费者购买的记忆与习惯。

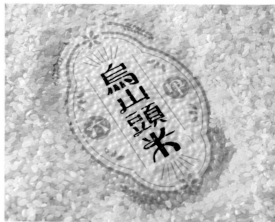

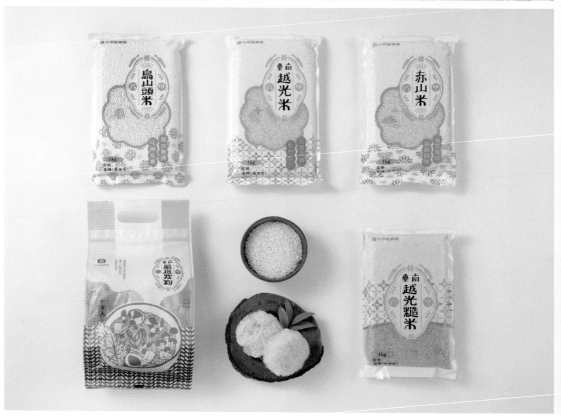

94

创意指导　周君政
品牌沟通　杨颜宁
资深设计　陈甄妤

福成酱园 酿酱系列 1

由于小型商店的货架空间杂乱且灯光较暗，相比其他便利店，小商店内的商品售价几乎是最低的。因此设计重点应该是如何让小商品聚集时更容易在大量的酱料罐中被注意到。统一设计产品名文字，绘制风格一致的内容物，让整个系列丰富又统一。用最基本的图文设计，赋予产品平价却不凡的特质。

林韵茶园 2

阿里山后方的太兴茶区有好茶却无知名度，或许是因为进山要经过 36 弯的折腾而人迹罕至。为强调茶区的秘境深处与环境美好，设计时将山与谷、弯与路表现于茶叶礼盒上，烫上隐约的 36 弯山路，希望收到礼盒的朋友能喜爱这来自远方深山的林韵茶园。

茶礼盒讲究功能与环保，该设计仅仅使用一张内衬纸张，利用折痕撕线，将所设计的罐装、大小包装、裸装等兼容起来可搭配出 6 种以上的组合。设计上还运用了一个巧思，以五种级别（无、轻、中、种、全）来标记烘培与发酵程度。

百绘设计·台南

95

1	创意指导	周君政
	品牌沟通	杨颜宁
	资深设计	杨莉慧

2	创意指导	周君政
	品牌沟通	杨颜宁
	资深设计	陈慧芬

东大茶庄礼盒 🔳

礼盒采用珍珠烫方式，呈现出若隐若现的反光质感。好似透明茶壶中的茶叶，有时近似岛屿的形状分别坐落于茶汤之中，有时则交错连绵成山，而喝茶的人亦是如此，不论茶的产地与制作方式，都可以从中感受其不同的香气、口感，同时不同的品茶人会产生不一样的感受。

竹山镇农会 新品种乌龙茶 🔲

主视觉采用几何图形描绘出杉林溪山光明媚的风景，以渐层色块表达该地全年云雾笼罩、若隐若现的朦胧感。包装使用单色印刷，留白处显现牛皮纸本身颜色，腰封采用局部上光方式呈现雨滴的若隐若现。与澄净金黄的竹山镇杉林溪乌龙茶相互呼应，并运用深色调的绿色，营造出静谧、高级的氛围，使观者沉浸在甘醇的茶香中。

1 2 总监　林岳庭
　　　设计师　苏立玮

艾美森 能量微粒 1

整体品牌色调以权威黑、珍贵珊瑚朱色与不朽千岁绿为主，对应品牌专业、时尚与健康的理念，并将辅助图案"粒线体"进行转化，在包装上以激光质感印刷点缀、名片形式编排呈现，进而表达出品牌美好时刻、绮丽能量与时光修复的诉求。

坚果酱君 礼盒组 2

"君"寓有"君子"之意，代表品牌所重视的原则，恪守创立初衷，提供给消费者期望获得的纯天然食品。外盒采用雾模与局部烫金进行装饰。

桃原十大精品礼盒 3

礼盒设计理念以"生森不息"为核心，并利用雕刻风格和图腾的方式呈现，图腾符号则包含了当地特有物种以及原住民的各式传统器具。这些元素皆为原住民代代相传的技艺与自然知识，与自然和谐共存，形成一个家、一个圆，最终生生不息、循环不止。礼盒上盖整面采用压纹方式呈现原始木纹效果，并采用局部上光方式凸显原始图腾。

元创力设计·台北

97

1 2 总监　林岳庭　　　　3 总监　林岳庭
　　　设计师　林芯仪　　　　　设计师　苏立玮

绿光茶园茶 ①

为了体现环保精神，该款包装的纸张使用喝完不要的茶渣制成环保再生的茶渣纸，并结合坪林四个原生种物，用插画手法融入当地环境，最终用环保油墨加工印制，呈现自然共生天地同好的意境，让人在品茗之余，产生一份对环境的美好认同感。

上好佳果酱 ②

上好佳音同闽南语"好吃"的谐音，以跃动球体比喻果粒结合品名，环绕成圆形标志，传递新鲜美味不停歇的理念。商品贴标以现采新鲜果物与木箱结合，系列口味颜色明亮，营造美味果酱的观感。

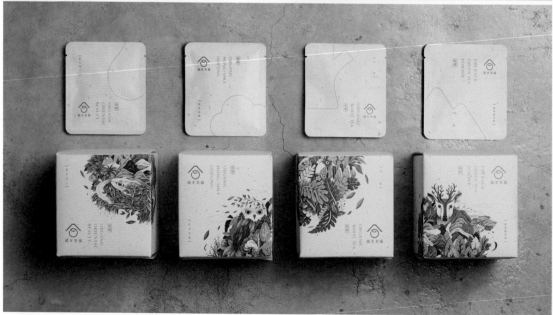

① 创意总监　方仁煌
　 完稿设计　宋邦致
　 插画师　　邱莉淇

② 创意总监/完稿设计　方仁煌

宏亚新贵派 [1]

为宏亚食品设计的热卖商品新贵派包装，底纹用线条格纹呈现饼干特色，运用优雅配色搭配不同口味，同时优化原料情境图，以商品的丰富口感及品牌精神，呈现让人一口接一口停不下来的好滋味。

星巴克礼盒 [2]

红色款为 2020 年中国台湾星巴克的鼠年礼盒，蓝色款为 2021 年中国台湾星巴克中秋礼盒。

呷什面品牌包装 [3]

呷什面音同闽南语发音"吃什么"，商品除了美味之外以"用料理传递生活趣味"作为品牌主旨，包装主视觉除了以面条构成品牌标志，还运用线条构成几何图形搭配明亮色系，平版印制加上局部上光工艺，呈现日常料理的丰富动感。

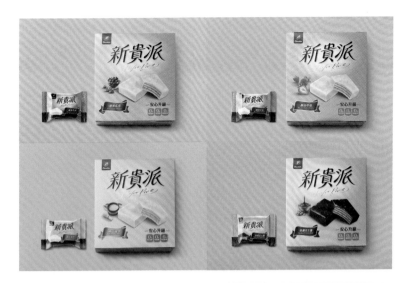

1 2 3 创意总监/完稿设计　方仁煌

大富翁中秋礼盒 1

为了能突破传统，建立新的商业模式，企业希望能在礼盒的项目上进行包装升级创新。于是，透过理念沟通，结合了现代桌游及传统大富翁游戏的内容，将礼盒变身为可用于收纳的抽屉，或中秋团聚时一起玩的游戏，不但新奇有趣，还能寓教于乐，了解房产投资的概念。

盒体以 MDF（中密度纤维板）木材料为主，盖面做双面功能使用，一面贴铝牌秀饭店品牌，另一面喷彩色印刷的大富翁游戏内容，盖里运用激光喷墨的技术，将彩色画面喷印在面板贴皮上，呈现一种全新的设计表现。

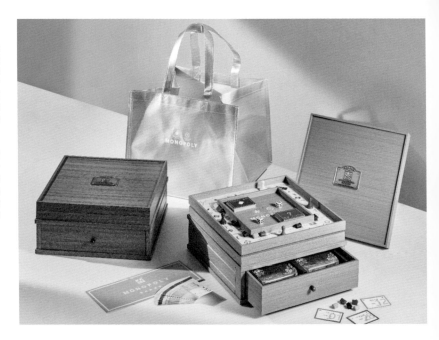

团圆麻将组 升级 2.0 版 2

麻将，中国文化的精髓。木质礼盒以趣味、实用为主，微型缩小版可爱又有趣，大人小孩皆宜。

盒体以实木材料为主，正面先用激光雕出图案，然后进行擦金处理，将金漆填入图案中，盒体染色喷漆完成外观结构。盒体一分为二，利用盒内沟槽及滑轨木榫的推移，当两侧盒盖分别往外拉开至半时，90度往下拉，两侧盒体变身为两侧桌腿，完美的开合手法需要精巧的工艺来呈现。置放的桌板经改良后四面可以展开来固定于方桌上，并大于桌面一倍，方便洗牌、排牌，也是升级 2.0 版的特色。

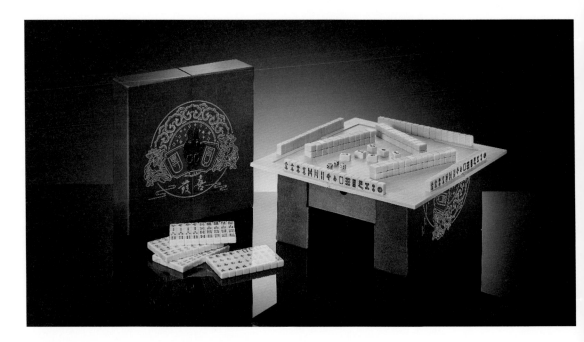

驭墨坊专业设计·高雄

1 创意总监　李末儿

2 创意总监　李末儿
设计指导　朱芳民

日正盒装调理粉丝系列 1

这是日正食品针对海外华人市场推出的盒装调理粉丝。品名以醒目的中国书法风格呈现,搭配位于视觉焦点的传统美食。系列商品上半部以鲜明的颜色进行区隔,下方以黑色的材质来增加层次感,摆放在货架上有视觉延伸的效果,下方英文品名不会破坏中式主题风格,印金增加醒目度,在海外市场有助于拓展非华人的消费族群。

青的农场粉丝系列 2

产品荣获多项有机认证,销售于单价较高的有机食品店。针对目标消费群的消费习惯,将健康的粉丝料理图置于视觉中心,镂空处可以清楚看到粉丝品质,接着延伸到底部的认证标章,让消费者安心购买。

麻布质感增加天然的视觉联想,让包装并排在货架上产生视觉延伸的效果。宽粉/细粉用色块区隔,采用象征大自然的健康绿和象征阳光的活力橙,印金的徽章强调产品主要诉求。

龙厨调理粉丝系列 3

龙厨为了区隔市场,推出袋装调理粉丝,有两个口味。南洋风系列以东南亚风格建筑为主体设计,地道的食物图搭配当地知名地标,在视觉上呈现地道南洋风味。素食系列用雕刻感的古朴字体搭配食材手绘插画,营造天然的视觉氛围,符合素食者的心理偏好。

1	设计总监	刘孝勇
	设计师	龚晋齐
	食物造型师	洪硕频

2	设计总监	刘孝勇
	设计师	金丰华
	食物造型师	洪硕频

3	设计总监	刘孝勇
	设计师	冯芷年
	食物造型师	洪硕频

牛乳石硷茶酒礼盒

牛乳石硷在日本是跨越百年历史的
国民品牌，该品牌以制皂起家。这
款包装设计是为 VIP 客户定制的限量
茶酒礼盒，礼盒设计以带有木纹材
质的纸张呈现仿木纹的效果，突出
木盒的典雅质感，整体视觉以牛乳
石硷品牌识别搭配日式风格，来呼
应品牌形象。

御成设计／艾得彼设计工作室·福州

102

设计总监　Alan Lee
品牌总监　Jerry Lin
执行总监　Joy Chou
资深设计　Tian Yu

八八坑道 × 老夫子联名款

礼盒包装设计以"描绘开创自我格局"为设计主轴,以刷油漆的动作作为起点,延伸出立体视觉,让角色穿梭在其中,并延伸设计系列礼盒,礼盒翻开一层,漫画人物变身立体卡片跃于眼前,第二层再翻开就可看到产品和赠品小酒,整体礼盒有了更多的层次和质感,使送礼和收藏增加了价值感。

伯莱堡精酿啤酒 1L 装 2

将精酿啤酒的原料转换成设计元素并结合啤酒杯与缎带意象,传达出"每一次碰杯都可以享受美好的精酿"的意象。1L 装为铁罐印刷,和一般铝罐印刷不同,希望 1L 装能透出金属感,加上光油与亚油之间的工艺,呈现出层次感。

御成设计／艾得彼设计工作室·福州

103

设计总监	Alan Lee
品牌总监	Jerry Lin
执行总监	Joy Chou
资深设计	Tian Yu

1 2

包装不是简单打包的纸壳,包装设计也不是浮于表面的彩墨。

包装设计是平面的,通过目之所及的画面构建品牌及产品对外沟通的桥梁,在产品实用功能之外为消费者创造"情绪价值"。"情绪价值"在于针对喜好的感知从而达到刺激消费的目的,时下强劲的 AI 也不可替代设计师在消费喜好需求上的感知与敏锐,无论是迎合审美所带来的愉悦,视觉上新奇的刺激,画面引起记忆的共鸣,还是价值需求上的满足,都是包装带给消费者颅内情绪变化的体验。

包装设计又是 3D 的,开盒的方式,材质的触感,这些即使不通过眼睛也能传递的感受考验着包装设计从业者对消费服务与体验的用心与沉淀。

包装设计是设计领域多层面的结合,我们也将在一次次的实践与感知中,获得对包装新的理解与进步。

—— 创意总监 黄国洲

摩咔金可吸布丁

采用结构的创新与画面的结合,突破吸冻包装的侧开口工艺,在结构上达到差异化,辅以侧开口设计的怪兽形象,使结构变得合理,同时从视觉上给受众带来诙谐有趣的心理感受。

客户　　　摩咔金
创意总监　黄国洲
执行设计　李云怀
　　　　　杨梦萍
　　　　　江念庭

马祖小柒咖啡 滤挂式咖啡盒

以马祖地景为概念，规划出独特的包装，在打开包装的同时进入马祖那丰富且迷人的生态与风景。插画元素为马祖梅花鹿搭配芹壁村；黑嘴凤头燕鸥搭配东引灯塔；青蛙神铁甲元帅搭配妈祖巨神像。将马祖特有的景点融入咖啡包装，让消费者品尝当地风味。

客户　　马祖记录商行
创意总监　黄国洲
执行设计　李云怀
插画　　李云怀

马祖纳礼风味礼盒

运用色彩为产品定调，刺激受众的
视觉感官，热烈的橙红色承载马祖
当地的热情，画面构成通过勾勒地
域特色建筑和人文元素点明地域，
从而达到加深印象的作用，如马祖
伴手礼中的芹壁村建筑、黑嘴燕鸥、
老酒面线等，用于点明产品类型。

客户　　尼晞策略有限公司
创意总监　黄国洲
执行设计　江念庭
　　　　　杨梦萍

卟吟卟吟 - 白色巧克力夹心酥 1

画面采用矩阵阵列的图形排布，以巧克力饼干为视觉符号，富有质感的蓝底既满足了审美诉求，又衬托了饼干主体，使之勾起受众的食欲。

哆哩哆哩 - 轻乳酸风味饮料 2

在整体调性上采用整列平铺的手法，规矩的排布为产品带来冷静感与艺术性，从而提高产品调性。夏日酸奶果饮结合鲜亮清爽的色彩为夏日带来活力，调动受众情绪。

1	客户	尼喃策略有限公司
	创意总监	黄国洲
	执行设计	李云怀
		杨梦萍
		江念庭

2	客户	哆哩哆哩有限公司
	创意总监	黄国洲
	执行设计	李云怀
		杨梦萍
		江念庭

如何为繁忙的都市人设计耗时的手调咖啡？

Blue Bottle Coffee 蓝瓶咖啡

在为繁忙的消费者创造产品时，蓝瓶咖啡面临的挑战是如何从精心策划的咖啡馆到纸盒的包装设计中延续并分享蓝瓶咖啡的近距离体验，进而吸引更多的消费者，并在大型零售店中脱颖而出。本次新设计忠实地呈现品牌的核心理念以及创始人 James Freeman 的初衷，挑战了咖啡品类既有的形象。纸盒的包装设计与常见的牛奶盒间有着很强烈的关联性，不禁让人联想到怀旧之情，也使蓝瓶咖啡相较于其他同类产品更显得与众不同。

Pearlfisher 团队创作

每天与人互动超过 6000 万次时，如何让每个时刻都变得特别？

麦当劳全球包装系统

作为麦当劳的合作伙伴，Pearlfisher 为其全球包装系统带来崭新的设计作品。凭借全新而醒目的图案设计，麦当劳品牌洋溢着喜悦与轻松的感觉。Pearlfisher 将麦当劳俏皮活泼的态度作为设计的重心，全力升级品牌的设计系统，并为菜单中的经典餐食创造出新颖的代表图案，从而替换掉

原先包装上醒目的文字信息。包装设计呈现出一套富有表现力的视觉系统。每一张包装纸，每一个翻盖包装盒，以及每一件外包装都极具辨识度，挥洒喜悦、随性简单。

The Results 创意成果

"作为快餐行业发展趋势的领导者，麦当劳非常自豪地推出全新的视觉设计和独特的品牌语言结构。在这次的合作中，Pearlfisher 帮助我们确保新的设计能提升麦当劳的品牌身份，同时凸显了菜单的特殊性，且传递了麦当劳对质量的承诺。"

—— 麦当劳全球高级策略总监 Barbara Yehling

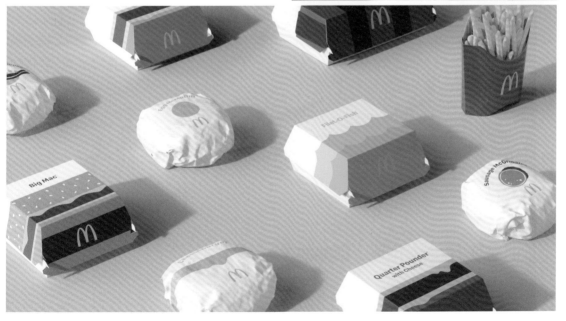

Pearlfisher 团队创作

Coppertone 防晒品牌

美国防晒老牌水宝宝的新思路：拥抱阳光，追逐欢乐。

1953

1970

1980

2006

2014

2019

2022

110

Pearlfisher 团队创作

如何为世界上最珍贵的水源地之一打造标志性品牌？

农夫山泉

2010 年中国品牌农夫山泉找到 Pearlfisher，他们需要在竞争激烈的瓶装水市场里提升在消费者心中的品牌形象。在 Pearlfisher 接手农夫山泉全新的品牌包装后，不到一年时间内，农夫山泉从中国第三大矿泉水品牌跃升至市场领军品牌。

Pearlfisher 在此次品牌重塑过程中，采用品牌名称"农夫"的天然感，保持了创始人钟睒睒先生创立此品牌的初心。新的设计着重体现了水源地的天然感和优质感。品牌形象的创建基于"大自然美丽的平衡"的创意理念。就此品牌深入洞察个体和大自然的关系，"我们不生产水，我们只是大自然的搬运工"的品牌标语

应运而生。在品牌标识部分山与在湖中的倒影组成了水滴的轮廓，表现出农夫山泉优质纯净的水源。12 年来，这山与湖组成的水滴已经成为农夫山泉最经典的品牌形象之一。

自此之后，Pearlfisher 多次与农夫山泉合作，包括东方树叶的品牌创建和全线创意工作以及水溶 C100 的品牌重塑。

Pearlfisher 团队创作

如何焕新中国最标志性啤酒品牌的面貌？

Original Malt 雪花原汁麦

从精美的插画入手，描绘出本产品独特的主张和精选原料。与此同时，新包装传递出一种新鲜清凉的感受，并以此来赢得新老消费者的心。雪花原汁麦啤酒的新设计着重表述了一种更令人振奋的饮酒时刻，同时借雪花啤酒的品牌领导地位，以巧妙的视觉语言来呈现出原汁麦啤酒是纯优质麦芽酿造的好品质酒。

一杯冰凉的啤酒可以让你瞬间感到清爽振奋。包罗万象的"焕新之泉"创意灵感由此展开。在品牌标识周围环绕的插画使人联想到天然喷泉。插画充分表达了产品的优质成分和原料，突出产品晶莹剔透、泡沫细腻的品质。包装用色有意使用柔和自然的新绿、明黄和橙色，借此有效帮助品牌进入一种更现代、更有情感联结和更吸引眼球的设计中。

Pearlfisher · 伦敦／纽约

Pearlfisher 团队创作

Snow Draft Beer Pure Malt
雪花 全麦纯生

作为雪花啤酒的长期合作伙伴，Pearlfisher 与华润雪花集团携手提升其啤酒系列产品的视觉形象，此次为其最高端的产品之一"雪花纯生"进行焕新升级。

为了突显其高端品质，在新的品牌设计中创建了一种全新的品牌及视觉表达，以呈现出新鲜、高端的观感，真正体现出雪花纯生的优雅和纯净。焕新后的品牌设计采用了清新的白色和绿色作为主色调，彰显出雪花纯生的简约和纯粹。玻璃瓶身上的浮雕品牌名以潇洒的草书传达品牌对酿造工艺的坚定承诺。同时，引入新的插画元素，通过品牌世界中的多个触点展现成分信息和酿造过程，插图中的大麦仿佛从自然中生长出来的一样。

新设计体现了品牌渴望传达纯净和精致的愿望，从第一口就能捕捉到品牌精神的优雅形象。

Pearlfisher 团队创作

果蔬好精品挂耳咖啡

以咖啡豆的生长环境为基底，用艺术插画风展现活泼而灵动的画面；彩虹色条区分不同单品种类，在众多咖啡产品中创建其专门属性，彰显品牌特有的品质感及辨识度。

ABCDEFGHIJKL
MNOPQRST
UVWXYZ

精品
挂耳咖啡
SPECIALTY DRIP COFFEE

果蔬好罐装坚果系列包装

罐贴的半露出设计传递了产品自身
的高品质感。专属字体设计，加上
不同坚果品类特有配色，将产品的
时尚感与高端审美进行完美演绎。

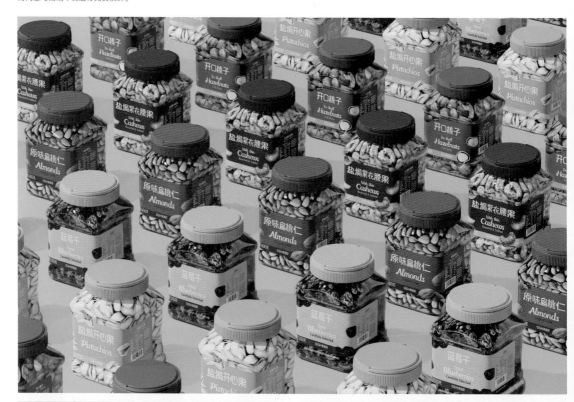

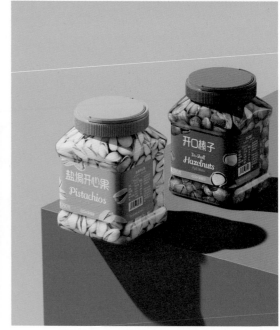

Production Type （Paris/Shanghai）

果蔬好蛤蒌粽

运用艺术插画手法，呈现粽叶特有
的形态与肌理。清爽的配色及便于
拎取的包装形式，彰显广式传统底
蕴的同时提升了品牌的高端属性。

格兰威特

JDO 为威士忌品牌格兰威特打造个性鲜明、大胆的全新形象,在保持现代感的同时与消费者保持紧密关联,并且拥有独特性。格兰威特的全新品牌形象通过现代的风格,诠释了格兰威特丰厚的历史和起源,能够帮助芝华士兄弟集团巩固在单一麦芽威士忌市场中的领导地位,同时促进品牌在全球年轻威士忌爱好者群体中影响力的增长。

杰荻礼奥(JDO)·上海／伦敦／纽约

当今的品牌面临重重挑战:不仅需要面对 AI 科技的冲击、后疫情经济的飞速发展,还得处理好在复杂环境下消费者与品牌之间的情感联结。在 JDO,为了协助品牌创建成功,我们将策略贯穿于工作的各个环节,透过深刻的洞察和智慧,打造独特而强大的品牌视觉资产,诉说专属品牌的故事。这一策略主导的工作模式使我们精准地把握品牌的策略方向,并用丰富的设计语言创造具有影响力的品牌体验,与消费者深层共鸣。

JDO 的创意哲学是为品牌创建信仰。我们相信设计的角色是在消费者心中与品牌之间搭建有意义的情感联结,通过不同的设计语言:颜色、形状、图形等塑造一个品牌的专属视觉领地,让消费者可以通过不同的接触点深入沉浸在品牌世界里,形成有情感交流的记忆——这是让品牌与众不同的最佳方式。

JDO 的三位创始人都拥有国际级别的杰出工业设计背景,我们擅长多维度地看待问题、思考问题并提出多样化的创新解决方案。让我们引以为傲的是,目前与我们合作的大部分客户都是在公司 20 年前成立之初的长期生意伙伴,JDO 的国际版图包括伦敦、纽约及上海,我们对中国市场的蓬勃机会充满期待。

—— JDO 创始人
创意总监 Paul Drake

118

高级客户经理　Natasha Arthur
创意总监　　Paul Drake

格兰威特 奢创高年份系列 ①

每一个威士忌瓶身上都印刻着其年份,上方玫瑰金标签线条简洁优雅,古典的印章上刻有格兰威特的创始年份。富有张力的青绿色与钴蓝色同时运用于瓶身及外包装上,淋漓展现现代感的设计,这一设计兼具活力与神秘气息,时刻表达着品牌打破品类传统的特点。

格兰威特 秘密蒸馏 ②

JDO 为长期合作伙伴保乐加设计了格兰威特12年创始佳酿"合法蒸馏"限量版单一麦芽威士忌包装。这一全新限量版威士忌标志着格兰威特"起源故事"系列的第一篇章,讲述了格兰威特创始人乔治 · 史密斯先生在 1824 年获得英国第一张合法酿造威士忌许可证的传奇故事。

格兰威特 三桶系列 ③

JDO 为长期合作伙伴威士忌品牌格兰威特打造全新三瓶威士忌套装设计。此设计专用于机场零售店的三瓶套装销售,体现格兰威特的高端品质。

格兰威特 酩光 ④

JDO 为格兰威特酩光限量款设计了引人注目的特色酒瓶,为消费者呈现全新赠礼选择。这一限量款包装设计内含三款神秘风味威士忌,彼此相互交织,穿插成为秘境体验。

1 创意总监 Malcolm Phipps　　2 JDO团队创作　　3 4 高级客户经理 Natasha Arthur

劲牌 养生一号 1

JDO 为劲牌养生一号设计了全新的包装。此次设计的主题源于中医百子柜。中医大师从百子柜中抓取每一屉原料配制药方，正如品牌潜心钻研配方，追求天地间的和谐与平衡。养生一号的包装糅合了艺术美感、精湛技艺与精准细节，体现了其上乘的品质和炉火纯青的匠人气场。从打开外包装的那一刻到缓慢揭晓产品，取出精心打造的酒具，每一步都精致美妙，传递和谐之美。

索查龙舌兰预调酒 2

JDO 通过将索查龙舌兰酒主品牌 logo 与 Agave Cocktail 英文字样组合，打造了全新视觉形象，保留了与主品牌间的紧密视觉关联。颇具量感的无衬线字体搭配体现墨西哥传统的特色衬线字体，与取材自主品牌视觉系统中的蓝色扇形条纹配合出现。该设计用墨西哥木刻风格描绘了形象的水果和龙舌兰造型，加以大胆出挑的对比能量色彩放大效果。

杰荻礼奥（JDO）· 上海／伦敦／纽约

120

1　亚洲副总裁　　Greenly Lu
　　创意总监　　　Paul Drake
　　3D 技术总监　 Phil Marlow
　　全球策略总监　Ed Silk

2　集团创意总监　　Ben Oates
　　创意副总监　　　Sara Faulkner
　　全球客户团队总监　Juliet Cox
　　高级创意策略师　　Lillie Jenkins

多芬头发养护系列 1

JDO 为多芬全新高端头发洗护系列打造崭新设计。该设计灵感来自护肤原料，进一步提升了多芬的品牌形象，为其更高端的产品售价提供了坚固的设计基础，通过具有视觉震撼力的金属色彩在白底上勾勒出标签形状，进一步体现产品功效。

多芬可替换装沐浴乳 2

瓶身带有现代手绘风格的优雅植物图案，交错层叠的绿色叶片造型与高端铝制瓶身的金属光泽相互碰撞，营造水疗氛围。瓶身上的金色多芬标识使包装焕发生机，整体设计将各类细节精心呈现，风格简洁。

RADOX 3

JDO 为 RADOX 创造了近 10 年最大规模品牌重塑和形象设计。展现了 RADOX 在个人护理领域的丰富经验及专业性，为消费者带来具有仪式感的焕新个护体验。

壳牌喜力 4

设计方案由以下关键词构成：耐用性、清洁性和寿命周期优化。要实现全面可持续使用的想法面临诸多挑战，可回收的产品结构也是壳牌的重中之重，需要确保在产品结束生命周期时能够得以回收。

121

1	客户商务总监	Justine Guicherd	2	创意总监	Bronwen Westrip	3	创意总监	Bronwen Westrip	4	创意总监	Paul Drake
	创意副总监	Sara Faulkner		客户商务总监	Justine Guichard		集团创意总监	Ben Oates		常务总监	Philip Stevenson
				设计师	Elliot Hartley		全球客户团队总监	Juliet Cox			
							高级客户经理	Natasha Arthur			

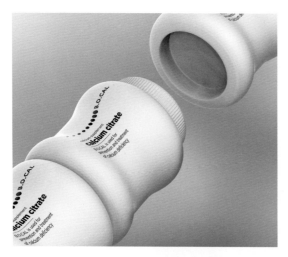

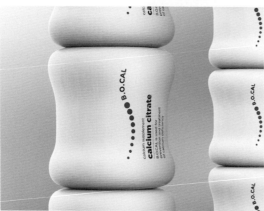

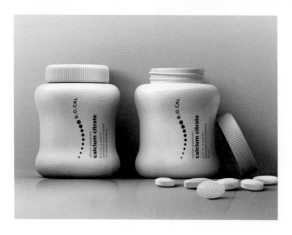

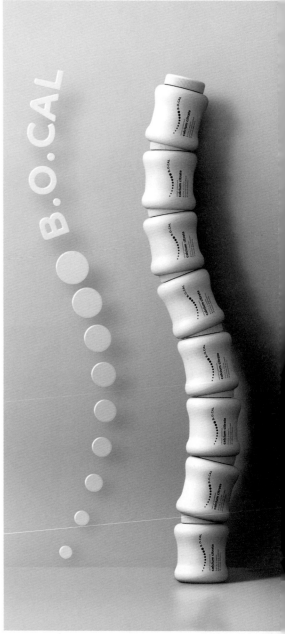

B.O.CAL 钙质补充剂

B.O.CAL 钙质补充剂的包装设计直观传达了产品的质量、外观和感觉。骨关节造型瓶参考了产品的用途和效果。当瓶子层层叠放，看起来好像一根脊柱，直观传达钙质补充剂的用处并促进销售。瓶身简约的标志是由点和品牌名称组成的 S 形曲线，象征着人的脊柱。

Kudson
PERFECTLY IMPERFECT FRUIT

大多数消费者是通过外观来评估水果蔬菜的质量，而忽视了许多"不完美"的水果蔬菜仍然是可以接受、可以食用的。品牌包装上展示了"难看"的水果蔬菜形象，并与消费者进行拟人化互动，让消费者可以感知其背后的真诚，用来宣传品牌"完美的不完美"的概念。

MANTRA PLANT 植物性海鲜食品 2

MANTRA 品牌的愿景主要是开发优质的植物性海鲜产品。选择蓝色是为了将品牌的植物性海鲜包装与货架上其他颜色相似的产品区分开来。此外，还在包装上用植物叶子的符号来表示水生动物，如鱼、鱿鱼、虾、蟹等。

1 2 Prompt Design 团队

ABSOLUTE PLANT（绝对植物）

"绝对植物"以植物为基础食材，保持了自然的味道，同时还有肉的感觉。品牌的目标是在全球市场的变化下，让消费者（不管是素食者还是非素食者），都能获得新的健康消费选择。

通过对消费者的研究发现，大多数消费者以"拯救世界"为荣。因此，品牌包装打造了"Mr.AB"的新英雄

形象，以活泼友好的外形和叶子制作的长袍、围巾和手套，说服客户通过帮助这位英雄将你的肉类菜单改为"绝对植物"，来参与拯救动物的生命，还能拯救世界的二氧化碳排放量。"绝对植物"相信，任何人都可以成为英雄。

124

Vertigreens ▮

这是一款室内蔬菜品牌，考虑到现代和传统农业技术的区别，品牌必须通过包装来传达差异性。

因此，包装被设计为具有现代大棚玻璃温室的独特外观。包装上的棱线和边缘反映了真实的玻璃温室，也起到了加固包装的作用。正面的不同种类标签上有每种类别的蔬菜从窗口探出头来的造型。在货架上摆放时，可以有趣地传达种植特色，并在其他竞争对手中脱颖而出。

DR.D Glowbiotic ▮

设计师将"Dr.D Glowbiotic"这款皮肤美容饮料设计得简单又时尚，通过开盒时展示的折叠纸扇体现消费者内心散发出的优雅光芒，给人留下深刻的开箱体验。产品一经推出，便引起消费者在社交媒体平台自发地拍照传播，市场反应超出预期。

▮ ▮ Prompt Design 团队

Freshy Syrup [1]

Prompt Design 发现市场上大多数果汁品牌喜欢在标签上展示水果图片。而"Freshy Syrup"品牌是大众市场的新秀，因此要在设计中利用消费者的洞察力，产品包装必须令人印象深刻，外观与众不同，才能有助于促进购买。

瓶形好似在新鲜水果市场中常见的水果堆叠的造型，标签则模仿果皮自然新鲜的状态。有了这个独特而出色的包装设计，"Freshy Syrup"的销量迅速增加。

RAVE 能量饮料 [2]

RAVE 是一种健康的能量饮料，在设计中创造了一个"R"来代表 RAVE 品牌。"R"来自闪电符号的反面，以说明其独特的能量强度，然后转化为包装罐的四个图案。每个图案都有不同的表现形式，如激光光束、油漆线条纹、音乐节拍波等，以吸引年轻新一代的目光。

Prompt Design · 泰国

[1] [2] Prompt Design 团队

EDGE 矿泉水 **1**

产品原产自泰国叻丕府 Khao Hua Khon，这里有丰富的自然景观，有很多洞穴和钟乳石。受到具有石笋形状之美的钟乳石启发，"EDGE 矿泉水"通过瓶子的形状传达这种来自大自然的美。logo 的创意设计使产品无论正立倒立都具有可读性，在货架布置或饮用时的展示都很方便。同样，标签上的滴水石背景图也可以正反两个方向进行解读。

VAVA 矿泉水 **2**

VAVA 是一家矿泉水制造商，其泉水资源来自泰国 Prachinburi（巴真府）的 Khao Yai（考爱）山脉。该地区充满石灰石基岩和沙子、黏土、砾石等地下物质层，也是该地河流的源头。水元素来自地下 105 米，含有丰富的矿物质。

1 2 Prompt Design 团队

DEMI BAI 护手霜

为 DEMI BAI 设计的护手霜包装，用
最基础的排版错位构建包装系统，
材质、色调都传达着品牌的调性。

Workbyworks 工作室·纽约／上海／北京

艺术指导　高晗
平面设计　高晗
摄影　　王石路

二元物种 [1]

一个渴望在宠物及其护理人员之间共享空间和平衡生活方式的品牌。包装和产品都经过精心设计，包括尺寸、所用材料、颜色、结构，都适合两种物种。为了重新构建共享同一空间的宠物和主人之间更平衡的关系，包装本身就代表了空间在类型、颜色、布局和信息方面的重新排列。

ELECTROX 运动饮料 [2]

将文字元素进行层叠，设计出运动饮料给人的能量感。层层递进，动感十足。

良品铺子 [3]

为良品铺子线下商超渠道设计的包装系统，面对极多的单品，一个行之有效，并且视觉充盈的包装设计系统应运而生。

NICE CREAM 奈似雪糕 [4]

用颜色区分口味，用现代的排版，将健康冰激凌的热量数值放到最大，重新梳理消费者阅读包装信息的层次，从而最大化提升效率，视觉上也十分有冲击力。

129

1 2 3 4　艺术指导　高晗
　　　　　平面设计　高晗
　　　　　摄影　　　王石路

泡果趣果汁饮料

言吾言视觉设计为"有点爱®Juste L'amour®"品牌打造了加气果汁包装。为了突出产品的趣味性，并且与产品名称"泡果趣"呼应，设计采用插画形式表现了一组热带雨林动植物形象，使整个产品视觉形象热情、自然、有趣、有味。

设计不仅是外观和功能的结合，也是一种情感表达的方式。在设计过程中，设计方不仅要注重传递品牌的故事性和独特性，还要以品牌方的认知引发消费者的情感共鸣。努力打造个性化和可持续的设计，让品牌在竞争激烈的市场中脱颖而出。设计过程中，设计方和品牌方并不是雇用关系，而是团队关系，是以合作形式共同面对消费市场的挑战，要通过良好的沟通和协作，将创意转化为现实。设计者的目标是通过独特的设计为客户和市场创造价值，并推动行业发展。

—— 言吾言主理人 老姚 & 小毛

创意总监　毛明
插画绘制　李茜
包装设计　毛明　何祺颖

圆点鲜活娟姗牛奶

言吾言受西安银桥乳业委托设计了高端低温鲜奶包装。娟姗牛种是原产于英国的珍稀牛种，专属英国皇室的古老而珍贵的特种奶牛，银桥乳业引进这种牛种到企业专属的原点牧场，大西北绿色优质奶源地与优质牛种的组合，就有了这款银桥娟姗牛低温保鲜奶，包装以娟姗牛为主视觉，突出黄金奶源的概念。

创意总监　姚大斌
插画绘制　姚佳宁
包装设计　姚佳宁

五芳斋 五芳竹锦

设计团队希望能够将传统的竹编技
艺结合当下审美风潮，将竹编的肌
理视觉化，简约化，结合礼品属性
的红色系，塑造出红金搭配的视觉
冲击，在端午送礼市场，打造出从
视觉到肌理的差异化礼盒。

五芳斋·嘉兴

132

五芳斋实业有限公司

五芳斋 传世臻粽

以五芳斋"粽技要秘"为创意灵感，创新的盒型设计与开启方式，结合五芳斋中国色"黛蓝"，打造主打高端粽礼市场的五芳斋传世系列之"五芳黛蓝"。

五芳斋·嘉兴

五芳斋实业有限公司

从发现到理解，从理解到共情，提供情绪价值是触动生意的重要开关。

品牌所有信息的输出，都是在和消费者建立情感共鸣的过程。在情绪价值越来越受重视的当下，品牌的塑造不仅要能提供满足功能价值的产品，同时也要满足用户内心更深层次的情感需求。如果一门心思只做产品功能价值的话很容易遇到天花板，因为现如今大部分消费品的技术、原料、供应链等都实现了共享，产品越发趋于同质化，很难在市场竞争中形成独特优势，而情绪价值的赋予是品牌出圈和高溢价的关键所在。

情绪价值不只是一个点，一句很感性的品牌口号，一则走心的营销短片，而是一整套系统的触动，包括视觉体系、话语体系、产品体验、营销传播等，情绪价值包含在所有品牌和消费者接触的触点中。从发现到理解，从理解到共情，这是触动新人群新消费的重要开关，也是品牌在制定战略过程中必不可少的因素。

颜值时代，做好产品只是基础，要想品牌做得好，必须兼顾美观性、艺术性。好看的产品在消费者心中是一种社交货币，也是这个时代重要的购买理由之一，消费者渴望通过产品打造人设，因此颜值、视觉冲击等都会引发消费者的分享欲，形成品牌自传播。品牌要利用好这一需求，通过提升产品美感，打造正向情绪价值，提高产品复购率。

—— 巴顿品牌咨询与设计

认养一头牛

认养一头牛是成立于 2016 年的新锐乳业品牌，其天猫店铺仅用 3 年时间就成为天猫乳品行业销售额破亿元店铺。巴顿基于对其企业资源禀赋的深入挖掘以及儿童奶市场的持续洞察，锁定"专业儿童乳，只有生牛乳"的价值理念，放大其养牛优势，将"奶牛养得好，牛奶才会好"这一口号在后续设计传达中一以贯之，助力品牌实现新一轮的销售额高速增长。

出品方　认养一头牛
创意策划　巴顿品牌咨询与设计

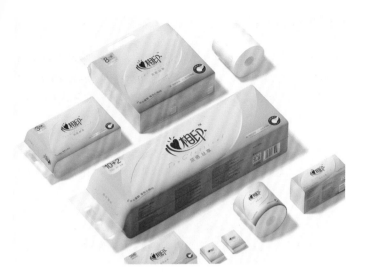

心相印 ❶

心相印是中国生活用纸行业头部国民品牌。巴顿为其进行代表性产品——茶语·私享的包装升级。其经典包装已深入中国亿万消费者的心里，若完全推翻重新设计，势必对品牌资产产生影响，所以最终决定延续创新升级的战略方向。通过六大设计机关，充分释放品牌势能。包装是快消品最大的战略媒体和终端决胜点。

优全生活 ❷

优全生活，亚洲高销量水刺无纺布制造商，连续11年在中国非织造布行业名列前茅。在其总成本领先的行业优势基础上，巴顿为其打造企业更深的"护城河"——品牌。创意为生意服务，根据品类的特征及消费购买习惯为其制定"上优全生活，每次都买一大箱"的战略创意，在各个触点打造核心资产，使其具备强劲的品牌竞争力，真正为生意赋能。

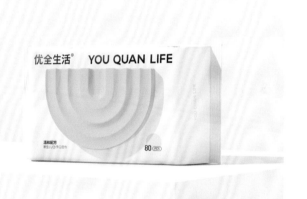

Q肌 ❸

Q肌，养生堂线上内服美容品类潮流品牌，聚焦20~35岁潮流女性。巴顿为其进行产品包装战略升级，实现新品上市的成功冷启动。通过创意设计主题"戳出Q弹戳出美"，在设计手法上，采用人物插画的艺术形式，与现代年轻人的审美高度吻合，打造甜酷有趣的插画形态。

巴顿品牌咨询与设计·杭州

---

❶ 出品方　恒安集团
　创意策划　巴顿品牌咨询与设计

❷ 出品方　优全生活
　创意策划　巴顿品牌咨询与设计

❸ 出品方　养生堂
　创意策划　巴顿品牌咨询与设计

入木三分：三秒记忆，三米观物，三个原则。

一件品牌包装作品是集文化、美学、功能为一体的商业推手。文化是包装的骨气，美学是包装的精气神，功能是包装的保镖。

事物发展瞬息万变，留给消费者的是碎片化记忆，一转眼可能就忘了，"三秒记忆"反映的是消费者捕捉信息的最佳时间，包装在眼前一晃而过，记住的可能是颜色，可能是字体，可能是插画，这种情况要求设计师具有更高的综合设计能力。

"三米观物"反映的是最佳的视觉距离，消费者在商场购买物品时，离物品3米的距离看过去包装都没能吸引消费者，那么这个包装一定是失败的。

"三个原则"反映的是品牌包装的呈现离不开美学、产品属性、原创三个原则。美学是基础，表现设计师的美学功底。产品属性是链接产品和消费者之间基本信息的诉求，表现在设计师对产品的深入了解并提炼精准卖点。原创是设计师人品诚信的表现，抄袭会直接毁了客户的品牌。

设计师必须从内心深处尊重自己的职业，要让内心的温度传递到作品里，这样才能破解设计的价值。

—— 创意总监 梅竞放

晴意农农黑鸡蛋

环保是一个永恒的话题，一款鸡蛋的包装，把天然成熟的老丝瓜剪开挖出放鸡蛋的位置。包装采用纸绳从丝瓜天然的网状孔中穿过打结，丝瓜内部结构成网状，有天然的防震效果，可以保护鸡蛋。丝瓜是天然的去污洗涤材料，食用完鸡蛋后，剪下丝瓜可以洗涤碗筷。包装推出后，客户的网络销售平台"粉丝"涨了几百万，此包装为客户带来了巨大的流量。

梅竞放品牌设计·杭州

创意总监　梅竞放
执行总监　梅放义
设计总监　童牛

SELF LINE 素线

"素线"是女性液体眼线液笔品牌,
主要为亚洲女性而设计。"素线"在
汉语中的意思为最简单的线条。从
中国书法和绘画中吸取线条的美感。
用极简的线条设计品牌中文字体,
表达出"素线"品牌简洁、素雅、东
方女性曲线美的气质。富有中国文
化的设计强调了产品属性,一笔入
魂。包装工艺简洁,质感唯美。

创意总监　梅竞放
执行总监　梅放义
设计总监　童牛

吉泰龙西湖龙井 ⬛1

茶是中国国饮，杭州是中国茶城。设计灵感来自历史悠久的杭州和西湖，包装的外形设计灵感来自宋朝时期的老城门。龙井茶的外形是长扁形状的，与西湖上的断桥类似。把"西湖龙井"四个字和西湖的水波纹设计成一体，应用在包装上。用锡做包装可以让茶叶延长保存时限。锡的包装在光线的照射下就和西湖水面一样波光粼粼。

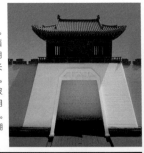

左侧竖排标题：

梅竞放品牌设计·杭州

吴月月饼 ⬛2

吴月月饼是以吴越国为文化背景设计的中秋礼品。包装结构像一本打开的历史古书，最外面用灯笼形状包裹整盒月饼，缓缓拉开，弯月变成一轮金黄色圆月，里面是一张书皮包裹的内包装，书皮上的凹凸印刷工艺灵感来自吴越国陶瓷表面触感。盒内是 8 块月饼，画了吴越不同的文化图案和文字。此包装通过精致的工艺和插画来传播吴越文化。

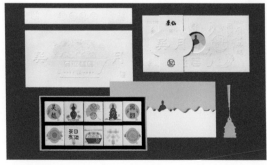

138

⬛1 ⬛2　创意总监　梅竞放
　　　　执行总监　梅放义
　　　　设计总监　童牛

咔咔玛虎年奥运梦 1

2022 年是中国的虎年，虎寓意着吉祥、勇敢和无畏。恰逢冬奥会，洗脸巾松软的面料，就像踩在厚厚的雪地上一样让人愉悦。一只可爱又勇敢的老虎也有自己的奥运梦想，其实每个人心中都有一个梦想，长大了有些人实现了自己的梦想，有些人还在努力。人一定要有自己的梦想，那样才不会迷失方向。

骆驼丝绸之路洗脸巾 2

古"丝绸之路"到"一带一路"，都代表了一个时代的伟大壮举。指尖在一层层洁白柔软叠放整齐的洗脸巾上划过时，留下了如沙丘一般此起彼伏的曲线。这不就是"丝绸之路"吗？骆驼的坚韧不拔，更是这个时代我们需要的精神。产品让生活变得更干净、更美好，当然，更希望的是这个产品能带给人们心灵上的干净。

1 2　创意总监　梅竞放
　　　执行总监　梅放义
　　　设计总监　童牛

KAKAMA 咔兔宝贝

不管到了哪个年龄,每个人都有一颗童心。工作再忙碌,对新年礼物的惊喜还是和小时候一样期待。本包装是为咔咔玛品牌定制设计的生肖款"咔兔宝贝"。为了表达生肖款的祝福之意,团队设计了小白兔一家三口温馨喜庆的场面。设计中把"KAKAMA"独有的品牌符号3A标志巧妙地设计成了小白兔最爱的胡萝卜。一家人其乐融融的温暖画面让产品更具亲和力。

核酸棒洗脸巾 2

包装创意来自核酸检测。包装中间有一条长方形椭圆开口,在撕掉的位置上画上了1:1的核酸棒,在使用洗脸巾时从右往左撕开包装,把核酸棒撕掉。寓意把病毒撕掉,恢复健康,抑菌防护。包装的创意和产品的特点有着明确的联系。

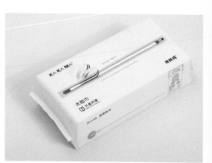

1 2 创意总监　梅竞放
　　　执行总监　梅放义
　　　设计总监　童牛

KAKAMA 孔雀纳福

孔雀纳福，吉祥如意，极具现代风格的设计语言让孔雀变得华丽自信，修长的体态环绕洗脸巾包装一周，展示出这款洗脸巾高贵的品质，蕴含了中国文化纳福的高尚礼节。

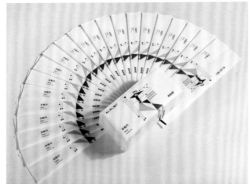

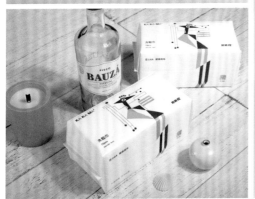

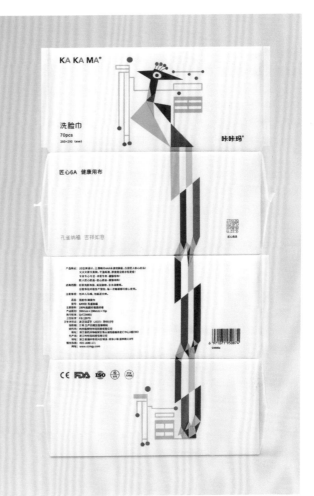

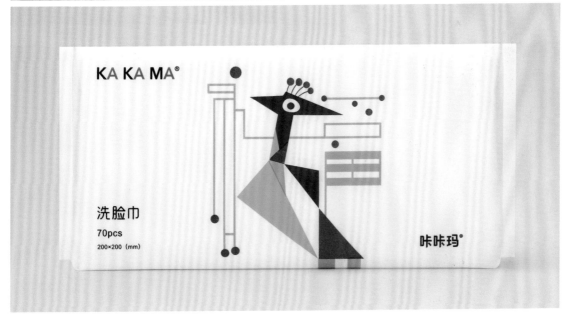

创意总监　梅竞放
执行总监　梅放义
设计总监　童牛

包装设计要为销量服务

什么是包装设计？其实这个问题非常好理解，广告主给广告公司经费做包装，最终肯定不是为了得到一个漂亮盒子，他是为了把盒子里面的产品销售出去，所以包装设计的定义就是将产品的信息、造型、结构、色彩、图形、排版、辅助元素这些所有的元素进行整合，帮助消费者做出购买决策，加快购买动作，它最终一定要为销售服务。

如何做一款真正卖货的包装设计呢？首先一定要明确，起关键作用的肯定不是好看，而应该是这款包装能不能激起消费者的购买欲望，直接形成购买力。

其次，包装一定要兼具消费说明的作用，在包装上一定要把商品的核心卖点体现出来，进而触动消费者的购买按钮。

最后，不同渠道，它所需要的包装是不一样的，线下货架上的商品，一定要色彩强烈，一眼就能被看到。电商和直播渠道的商品要造型独特，尤其是内包，最好开私模，才能从一众同类商品中跳出来。专注种草类的商品，一定要做得简洁一些，要有大牌感，因为小红书、微博的产品都是植入到生活场景中的，一定要显示博主是个有品位、有身价的人，不能太艳丽，不能太俗气。

总而言之，做包装一定要站在销售的角度来思考，只有这样才能帮你卖货，帮你降低成本，打造品牌。

—— 创始人 & CEO（首席执行官）屠伟伟

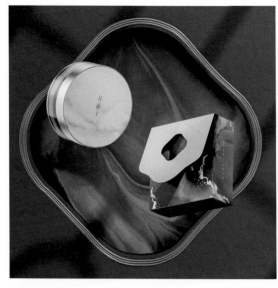

花西子（彩妆）

帕特为起势阶段的花西子打造的国风视觉体系，"花" + "西子" + "杭州（品牌所在地）" 推导出江南小家碧玉的定位，进而推导出 "小轩窗，正梳妆" 的视觉概念，最终形成 "小轩窗" 的视觉锤和 "墨绿色" 的品牌色，这两个视觉记忆点一直延续至今，一路伴随品牌走向巅峰。

创作者　帕特广告

果本（护肤）

果本 2023 年全力主推的产品系列，所有设计紧扣"果油护肤"的核心卖点，以"正在溶解果油的果实"作为核心视觉记忆，盖子是一个直观的果实造型，果油流淌而下，由浓郁到稀薄，将果实的天然本真原力积聚到瓶中，帮助肌肤提升强韧的生命力。

帕特广告（PARTNER）·上海／杭州

创作者　帕特广告

开元月饼系列

开元酒店集团 2022 年推出的虎年月
饼系列，视觉要求年轻、新颖、不
落俗套，以虎纹为核心记忆点，斑
斑点点的纹理又如碧波荡漾的湖面
映射出一轮圆月。

帕 特 广 告 （PARTNER） · 上 海 ／ 杭 州

创作者　帕特广告

Zippo 之宝 打火机

在世界经典传奇打火机和中国古典传奇故事之间找到审美契合点，艺术化呈现上古瑞兽，重现璀璨恢宏的山海奇境，用《山海经》传递 Zippo 特有的雄性美学，传递一种男人"燃烧"的激情，有故事的打火机，才配得上有故事的你。

帕特广告（PARTNER）·上海／杭州

145

创作者 · 帕特广告

设计不止于设计，包装也不止于包装，我们不仅仅是设计有颜值的包装，更是要为消费者创造一个全方位的良好体验，为品牌方打造叫好又叫座的产品。热浪用D+X设计创新思维模式，不断拓展对于设计的认知边界，以应对快速发展和变化的商业市场。热浪有两个核心力，一是向心力，二是向新力，前者是设计的动力来源，是追求真善美的初心；后者是设计的方向和目标，是对未来的不断探索和挑战。设计包含了设定、设想，也包含了计划、计策的含义，这就意味着，设计创新是一个有思想、有规划的系统性工作，以设计 + 产品打造新产品，设计 + 品牌塑造新品牌，设计 + 营销创造新营销，设计可以在产品和品牌全生命周期中发挥作用。将策略设计、产品设计、品牌设计、内容设计、传播设计综合起来进行设计创新，在新的时代背景下，用设计创造更大价值。

—— 邱潇潇

热浪品牌策划·杭州

安慕希 - 有汽儿气泡风味发酵乳

安慕希有汽儿，常温发酵乳与含气饮料两者打破结界的联手，突出了冰爽与轻盈感的冲撞。以"奶源白 + 安慕希蓝"为主色系，"有汽儿"三字伴随气泡升起，以沁凉的冰块和绵密的气泡作为辅助图形，低热量、低负担、爽口的特质得以体现。"罗马柱"结合直线形瓶体，起伏触感使抓握更稳固。

伊刻 - 活泉定时盖

可以自动"弹射好球"的瓶盖，是热浪与伊利旗下的伊刻活泉再次合作的产物。世界杯期间，其更是吸引了大家的目光，趣味与实用性兼具，2 小时内随意定时，提醒消费者"Hey，该喝水啦！"

热浪品牌策划·杭州

绿箭 - 草本含片糖 & 爆珠口香糖

热浪团队在设计这款产品时，希望突破单纯"好看"的思维逻辑，强化产品功能属性，通过图形、文案、符号等视觉载体创造出一套令用户感觉愉悦的情感编码，从单纯的功能性表达走向价值沟通。

热浪将"专为吸烟人士设计"的具体产品功能突出表达，脱离甜味色彩的设计思路，聚焦产品市场定位，降低客户可感知购买成本。造型设计上打破了直线的呆板与无趣，把硬性边界调整为曲线性的柔性边界线，同时产品体积处理得更为小巧精致，便于携带；在外观设计的考量中，采用简约白底凸显包装设计风格，紧贴产品"天然草本"和"爆珠"标签，盒身呈现上下滑盖结构，还原烟民使用场景，凸起工艺提升操作舒适度，让消费者更有沉浸感。

热浪品牌策划·杭州

148

王老吉·山茶花风味凉茶

以动态的笔触，还原山茶花的姿态，以轻柔、多层次的粉，晕染整个春天，清爽不清简的 logo 呈现，刻画王老吉的品牌叙述，握住这杯王老吉新款花茶，仿佛握住了轻松跳跃的春天。

"0"消费趋势的健康之选，为创意买单，为口感买单，为健康买单，为情绪买单，更要把握用户的心理，当眼对眼时，把体验感"写在脸上"。

热浪品牌策划·杭州

999 - 温胃舒颗粒

打破传统药品给人的固有认知，在符合国标要求的基础上重新定义了药品包装。作品以女性用户为核心，正面用"WARM"为主视觉，强调了产品的功效，花与十字组合成的符号配合整体粉红色的色调，加强了以女性用户为核心的药品关联。背面用碰杯的画面作为主视觉，传达了喝药也能干杯的积极生活态度，整体以 ins 界面的形式呈现，契合当下年轻人乐于分享的生活习惯。

热浪品牌策划·杭州

得益 - 臻优 A2β- 酪蛋白鲜牛奶

为了传达出臻优 A2β- 酪蛋白鲜牛奶的差异化价值，品牌在设计上更加强调包装设计的高端形象，凸显臻优极致的专业化产品优势，加深消费者对品牌形象的认知。

结合产品的市场定位，对商品理想的寓意和象征进行视觉化处理，以金色和紫色为主色调，包装采用非拟人形态的牛和牧场组成"A"让产品的阵营化与系列化也更为清晰，画面元素融入了经过艺术处理的产品名字样，适当地加粗、放大等处理，搭配穿插 A2β- 酪蛋白的文字信息，画面跳跃性强，在货架陈列上能更快吸引消费者的注意。

康师傅 - 燃魂拌面

热浪绘制出清晰的目标人群画像：
作为新生代青年的他们，以独居的
都市白领为主，在口味和健康指标
上都有自己的个性化选择。将猫神
阿比西尼亚猫融入的燃魂"夜猫"元
素，契合燃魂深夜畅吃、直击灵魂
的品牌调性，唤起消费者的探索欲
望和情绪共鸣。

以统一燃魂的品牌调性和突出强视
觉风格为主，热浪选择"分割排布"
的包装版式思路，辅助图形一侧为
品牌和产品信息，另一侧则以 IP 线
条插画做反差对比。这一风格也在
详情页中得到了延伸。点燃味蕾，
触及灵魂。

热浪品牌策划·杭州

面对市场化的产品更新迭代，需要与时俱进的创意满足消费者对商品的"幻想"，因此善于制订"破圈"计划的创意工作，才是我们一直追求的目标。以品牌概念为核心，建立品牌策划、设计思维，并运用到实际工作场景中，满足品牌发展的要求与变化，解决多元化设计需求。

海拍客品牌设计中心（HIDL）致力于解决全母婴品类的视觉课题。我们深知设计的力量不仅是产品的外在形态，更是建立家庭情感连接的桥梁。我们以家庭为中心，通过洞察"生命诞生的周期"，研究孩子、父母以及家庭的生活习惯，让每一个产品都蕴含着关爱和思考，让家庭成为一个真正的港湾。

—— 创意总监 袁嘉智

婴幼儿辅食粥

将中西方食文化相融合，并通过塑造一个厨师的卡通形象，营造了一个活泼、有感染力的烹饪场景，强化了产品的视觉记忆点。"厨师帽"形状的盖子也成为品牌符号的一部分，"厨师帽"的造型在功能上便于儿童更好地打开包装，且在销售陈列上达到了差异化的效果。

创意总监　袁嘉智
设计　　　戚浩俊

樱桃爸爸 深海探险家系列纸尿裤

品牌在设计时希望其能符合线上的购物环境，色彩鲜明，吸引眼球。作为樱桃爸爸星空系列纸尿裤同系列产品，画面延续星空系列纸尿裤设计方式，多个尺码，分拆为多个画面，连起来为一幅深海探险连环画，将呵护、好奇、探索、快乐、成长的概念融入其中，展示了宝宝快乐成长的过程。

153

创意总监　袁嘉智
设计　屠芮欣　杨坤

37°相信好的设计就是在舒适和独特之间找到完美平衡点。坚持以"人"作为所有设计的出发点和最终归宿。37°专注于调动多种感官与情绪，发现其隐藏的内在联系，努力创造不仅能吸引眼球，还能与观众产生深刻共鸣的设计。

"设计力"是将商品与服务传播给用户以实现共情的有效介质。以视觉为支点，透过听觉、嗅觉、触觉、味觉等多维度感受，撬动通感的联结，让商业内容与用户内心产生情感的同频与共鸣，是设计的价值目标。

—— 创始人/创意总监 马聪

长白雪 - 天然雪山矿泉水

包装设计始终围绕农夫山泉长白雪"水、自然与生命"的核心品牌概念，让消费者沉浸于水源地珍稀动物与实景雪山景观的光影变幻中，以此唤起人们对大自然的敬畏、对保护环境的责任与情感。

155

民生小金维他 - 维生素家族 1

民生小金维他是 21 金维他旗下的儿童维生素品牌，从品牌形象到多个产品线，包含数十款 OTC 药品、保健品、食品的包装。设计中，确立了 V 仔的品牌 IP 形象，作为每一个不同 SKU 的产品功效述说者，与消费者建立亲近关系并进行沟通，深受妈妈和儿童群体的喜爱。

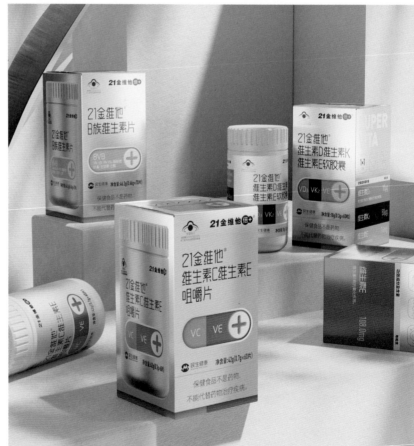

民生21金维他倍+ 2

民生21金维他倍+是人群更细分、更科学、更全面、更有针对性的产品，整个视觉的中心是一个滑动的"+"开关。将多维元素和颜色理性地结合，每个多维元素都有对应的色彩。银卡材质的外盒与多维元素的色块碰撞，凸显包装的品质感。满足不同人群的个性化、差异化需求。

米兰日记 - 睫毛包装 1

这款假睫毛的包装设计将几何元素和电镀工艺巧妙地融合在一起，呈现出时尚前卫的风格。大胆运用色块与几何图形的碰撞，成功地将产品与受众的喜好紧密结合。这种设计传递了品牌的定位"充满活力的率性"，也展现出年轻化的视觉效果。

东方树叶 - 黑乌龙 2

东方树叶是中国原味茶饮料市场的领导品牌。插画主体骆驼形象，来自茶马古道上用来运输的工具，身上的挂毯是在传统挂毯的样式上进行了一定的概括提炼。骆驼身上的花纹主要是中国古代的祥云纹和一些花草纹的结合。挂毯上的图案结合了卷草纹、海棠花纹等传统纹样来绘制。

157

胡庆余堂端午礼盒

知味观与胡庆余堂药膳馆两家中华老字号名企"粽"情携手,跨界合作出品了"庆余甄粽"礼盒,两家老字号名企各取所长,资源共享,联手掀起时尚国潮,匠心打造民族品牌,以飨食客。

善工设计团队

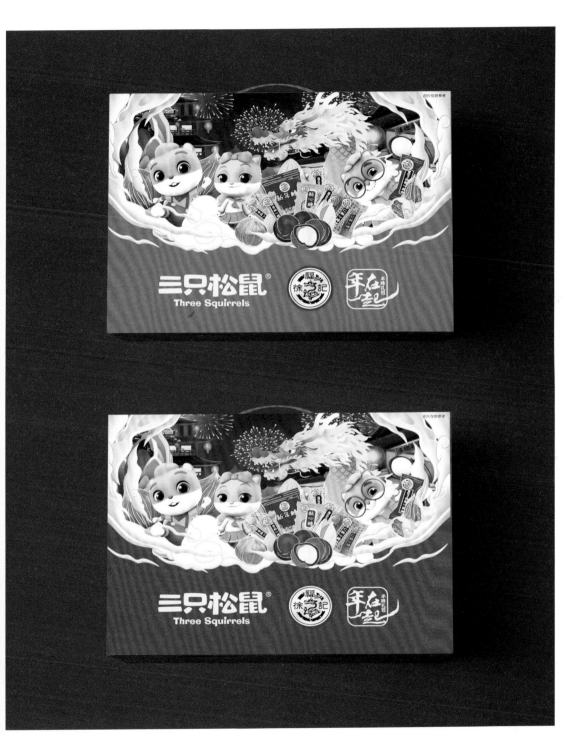

善工设计·杭州

恣逍遥-醉宋韵酒

恣逍遥-醉宋韵酒,正应宋代"风雅
处处是平常"的美学追求,瓶身整体
为汝窑开片釉瓷瓶。瓶盖顶部与瓶
颈两侧造型为螭龙纹,瓶体中央与
瓶颈中央造型为海棠环,酒瓶背面
主体造型为"梅梢月"。

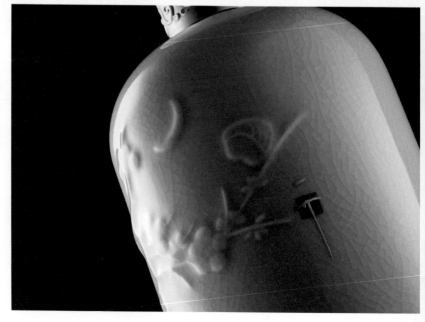

160

产品开发总监　朱奕
产品设计经理　于骋
产品开发设计师　韩凯飞
包装设计师　莫冰燕

现代设计师的必要条件是：具备有洞察力、能发现美的眼睛，会思考的头脑，会人文关怀的灵魂，拥有生活的小情趣，能把丰富的视觉语言正确有趣地表达出来。

好的作品不必过多解释，自己会说话。

—— 酒重天产品开发总监 朱奕

黄帝内经 迪拜世博纪念酒

黄帝内经迪拜世博纪念酒，外包装的中式典雅提篮造型凸显东方韵味。酒瓶主体元素是云纹，云在中国文化里象征高升和如意。云纹辉映，勾勒出神秘的东方意境，与迪拜这座"云上之城"遥相呼应，寓意美美与共。

酒重天酒业·杭州

产品开发总监　朱奕
产品设计经理　于聘
产品开发设计师　韩凯飞

黄帝内经 良渚文化酒

黄帝内经良渚文化酒（限量版酱香），酒瓶采用中国传统陶瓷，配以特殊釉色，极具收藏价值。配套酒杯，造型源自良渚古城遗址出土的"陶豆"。底座采用年轮造型，致敬中华五千多年文明史；内置照明设计，代表中华文明之光熠熠生辉。瓶颈镀金玉琮，是良渚古国神权与王权的象征。

酒重天酒业·杭州

灵如意 如意灵芝

如意灵芝系列产品是以菌草为原料培育的天然有机灵芝。设计提取其"麻姑献寿"的企业文化故事为出发点，通过中国古代灵芝文化故事，传达如意灵芝的上乘品质。同时使用黯色和橘黄等中国传统色，突出灵芝作为千年仙草的调性，也体现菌草栽培的产品属性。

焕象创意·海口

创意设计　冯才俊
设计指导　李信斌
包装摄影　王礼尚
毛笔字体　仝斌

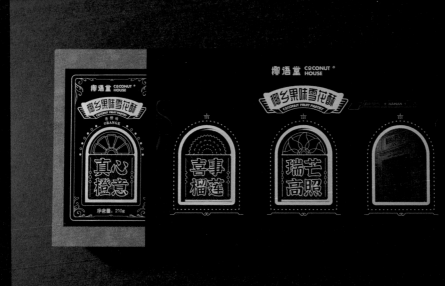

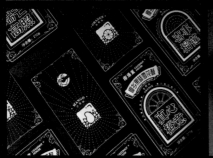

椰语堂 椰乡果味雪花酥

以南洋骑楼建筑为灵感将三种不同
口味的雪花酥用点线面的构成形式
融于其中。通过骑楼特点窗口的设
计，体现了透过窗口遇见美好新海
南的意境，同时也体现从里面透过
窗口望向世界的设计理念。

创意设计　李信斌
设计指导　冯才俊　王礼尚

椰语堂 海盐柠檬椰子水 1

包装重点突出海盐柠檬椰子水清爽的设计理念,在设计时引入椰子与柠檬的英文首字母C,意在打造一个超级符号,在其中融入海浪泛起的水波纹与电解质意象特征,很好地表现了产品入口的新鲜感和海岛气息,重塑海南新生代椰子饮料的独特形象。

善于观察与洞悉千变万化的消费市场。不为迎合,而善于引领,才是包装设计的突破口。

—— 焕象创意

椰语堂 藜麦椰奶清补凉 2

新生代藜麦椰奶清补凉以加入藜麦为卖点,藜麦+椰奶的双重精华,口感、风味和舒适感更突出,重在打造一款能够传达爱表达爱的产品。包装设计以"新鲜与爱"为主题,通过IP形象的表达,表现产品温暖可人的调性。

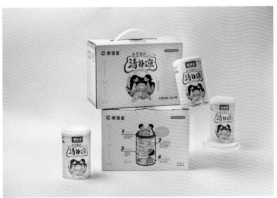

1 2 创意设计　李信斌
设计指导　冯才俊　王礼尚

嘻螺会 - 干拌螺蛳粉

大师傅 YES 系列 · YES！拌它
嘻螺会作为速食螺蛳粉头部品牌，
不断顺应方便速食行业的消费升级，
2023 年首推鲜粉干拌螺蛳粉。

本次产品升级创新鲜湿粉工艺，解
锁螺蛳粉新吃法：不用开火 3 分钟
免煮解馋、干拌即食；包装设计理
念以嘻螺会"非遗"传承人（杨师傅）
为 IP 原型，让鲜粉 Q 弹可视化，强
调"非遗手艺"品牌基因的同时，也
拉近与消费者的距离。

出品方　　广西沪桂食品集团有限公司
创意策划　造趣设品牌创意组
内容策划　梦言
创意设计　向北
插画　　　阿还

嘻螺会 - 鲜粉速泡螺蛳粉 ❶

大师傅 YES 系列 · YES！泡泡
嘻螺会品牌量大料足，全国卖出 2 亿袋。本产品继续延续嘻螺会螺蛳粉·大师傅 YES 系列，传达消费指令——"Yes！泡泡"，与干拌款形成系列，让商品在货架陈列中脱颖而出。

嘻螺会 - 加臭加辣加锅巴螺蛳粉 ❷

本产品锁定高频吃螺蛳粉的重度消费人群，包装突出加臭加辣加锅巴，"LOSIFEN" 拼音装饰增添趣味性。锅巴求泡，臭臭的香，克制的设计中隐藏着乐趣。

设计要以解决问题为导向，商业包装设计的底层逻辑，是将品牌战略落到"小的执行"。我们需要在有限的面积内与消费者进行交流，有时还需要放在货架、堆头上，验证它与其他商品的视觉差异。在反复的博弈、验证、调研、调整中，才有了最后的作品。设计只是开始，落地才有意义。

—— 创始人 无非

造趣设（Fun Design）· 苏州

❶ ❷ 出品方　　广西沪桂食品集团有限公司
　　　创意策划　造趣设品牌创意组
　　　内容策划　梦言
　　　创意设计　向北
　　　插画　　　阿还

藏地金稞生态礼盒

这是一款青稞米产品，客户希望产品
包装体现健康、原生态、有趣的概念。
以自然环境、动物来隐喻产品的原生
态。当包装被缓缓开启的时候，动物
们的各种健身体态尽收眼底，富有视
觉惊喜感与趣味性，并显得年轻化。

古格王朝成立至今也有 21 个年头了，公司亲自参与和见证
了包装行业及相关产业的一路发展。当前的消费趋势看似
有"消费升级"或"消费降级"的说法，但事实上却是另一
个概念——"消费分级"。不同的消费群体在消费行为上有
截然不同的表现，这也是品牌与企业需要直面的变化与趋
势，要争取在细分人群、细分品类中分一杯羹。这个问题
在中高端消费群体中显得尤为突出：消费者需求得不到充
分满足，相关产业核心竞争力较弱，同质化商品产能过剩。

设计跟营销最终的目的都是一样的，是要保证我们的产品
快速被消费者认知。从属于时代的消费行为里面去倒推我
们的方案，比如说从嗅觉、视觉、触觉、口味、包装形式、
表达方法，寻找他们的差异化在哪里。只有在存量市场中
通过创新找到增量的产品才能在市场上生存下来。

企业研发创新的能力不强，产品更新迭代周期较长，无法
及时有效地适应消费需求的变化，就很难创造出新的消费
热点，也无法满足消费升级的要求。

产品是企业生存之本，创新才是企业持续拓客之魂，当下
唯有通过创新去不断探索未来市场的答案。

—— 创始人 夏科

古格王朝·成都

设计总监　夏科
执行设计　单春浩
结构设计　徐新
视觉呈现　叶崇越

凡山天然苏打水

以水晶棱柱为创作灵感，来体现产品"天然水"的品质，瓶体修长纯净，取自天然，呈现美好。从内而外的契合，就是最完美的诗篇。

侠客熊猫酒 2

原创 IP 侠客熊猫衍生产品，它代表侠客的生活方式，体现了侠客的真性情，激发侠客的豪情，也让我们见识到侠客的本性。但是，侠客并非因酒迷失自我，而是更重内涵。侠客生命之中，酒固有其作用，但更重要的仍是义理。酒中有意，意不在酒，"三巡酒，仗天涯"。

古格王朝·成都

1 设计总监　夏科
　执行设计　邓方勇

2 设计总监　夏科
　原创IP　夏科

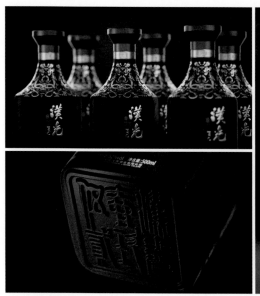

汉光酒 1

名酒汉光，源自 1952 年，整体取于天圆地方之说，与玉玺之形结合，大气不失内敛，和谐互补。瓶帽设计基于帝王之冕，瓶身采用风水云纹，刺绣版刻精工艺，镶有双龙缠玉，富贵吉祥好寓意。化繁为简，千年汉文化，升级新出发。

金龙鱼小鲜米 2

塑造"锁鲜 90 天"的标签，提炼出全新"五鲜标准"，即"鲜谷、鲜存、鲜碾、鲜装、鲜吃"。收窄腰线的罐体设计，更符合人体工学和食用习惯，方便女生单手拿取，轻松开罐，同时也是标准计量器，一罐米一罐水，精准把控米水比。

1　设计总监　夏科
　　执行设计　邓方勇

2　设计总监　夏科
　　项目经理　李涛
　　品牌策略　潘献
　　执行设计　蒋鹏
　　视觉呈现　邓方勇

张飞有礼端午粽子礼盒

张飞有礼系列端午礼盒，将传统三国文化"桃园三结义"作为创作灵感，通过张飞、关羽和刘备三位人物设定来区分口味，通过拟人化的创作手段呈现产品主题。

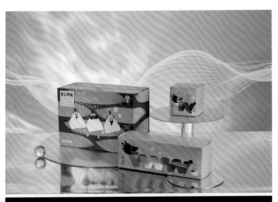

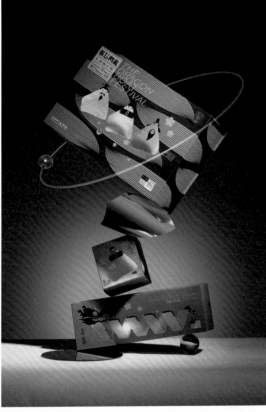

生生酱园有机系列 2

烤花玻璃收身瓶形符合人体工程学，拿捏自如、使用方便，通过传统酿造人物形象来传达品牌调性以及有机产品的高端定位。

1 设计总监　夏科
　执行设计　符永林

2 设计总监　夏科
　执行设计　单春浩　符永林

皇潮阁 中秋礼盒系列

皇潮阁月饼包装，以唐风饼礼为创意主题，用唐风的元素（唐三彩色、仕女服装、唐朝的壁画）创作出了国潮感十足的月饼包装。让中秋饼礼与唐风文化相互辉映。

品牌总监　陈鹏
设计总监　牟映康

HIBAKE 中秋礼盒系列 1

HIBAKE 中秋月饼引用元宇宙概念，用独具代表性的像素风，将 HIBAKE 狗头标识与梵高、马格里特、巴斯奎特相结合，演绎出了一场元宇宙中秋的盛宴。

黄老五 端午礼盒系列 2

黄老五蜀锦粽包装，以"黄老五蜀锦粽"为创意主题，以蜀锦为基底，挖掘表达元素，如蜀锦古纹样等，时尚化表达东方文化，将文化与品牌结合，呈现东方之礼的价值与魅力。

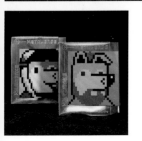

1 品牌总监　陈鹏
　设计总监　牟浩淼

2 品牌总监　陈鹏
　美术指导　赵英杰

未来的设计是多元的，我们应该从竞争、用户、文化多维度思考，让其既有品牌的传承感，又有自身的创新度。有差异化的表达，在视觉上自然而然会形成品牌独有的特点，用最直接高效的方式实现品牌传递。

—— 总监 刘喜飞

费戈品牌设计（FIGO）·成都

苹果苦荞茶

让传统苦荞茶焕发新的生命力。用黑白琴键弹奏出传统苦荞茶的新篇章，简约明快的配色，诠释时代精英的优雅，茶与钢琴的结合，是一种新的生活方式，时尚而优雅，淡如茶水，悦入佳境。

创意总监　刘喜飞
品牌策划　张展

松风蟹眼茶礼包装

创作思路来源于宋词"松风蟹眼新汤"，以北宋刘松年的《煎茶图》为背景，充分展示了宋代文人雅士茶会的风雅之情和高洁志趣。礼盒以茶叶罐＋影青葵口盏托为主要呈现方式。开盒见古意，皆是画中来，以美器盛好茶，体验传统茶文化的深远意蕴，感受宋代茶文化之美。

宜天特曲酒 ②

宜天特曲原有包装是传统保守的，新的包装要塑造新的当代表达，既要颠覆也要传承，设计师回到品牌资产中整理搜寻，把品牌基因转化成可视化的美学表达，保留品牌的视觉资产，对细节进行优化，采用几何形态切割，增强立体感和辨识度，赋予产品简约时尚的气质。

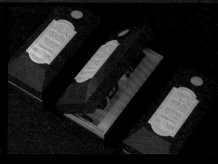

① 创意总监　刘喜飞
　 品牌策划　杨瑞

② 创意总监　刘喜飞
　 包装执行　黄海峰

好物疆至 2022Gift

这是一份来自新疆的美好，这是一份来自边塞的祝福。秉承着这样的理念，设计将"礼物包装形式"作为创意，将礼物的花式扎带部分固定在包装结构中，既能满足其作为手提带的功能性，又能直观传递出这是一份来自新疆的礼物。

72LAB · 成都

我来自新疆

2022 Gift

创意总监　熊奎奎
创意策划　熊奎奎　蒋成
出品方　好物疆至
客户经理　王德德
设计　熊奎奎
3D　余纬棋

包装外部以"疆"字图形作为视觉核心点，并将其部分元素延伸至内部结构与内部独立包装中，使包装整体更具视觉连续性。

在用色上，礼盒外部的红色营造出了传统的中式礼物氛围，符合产品使用场景，打开包装后又和谐地展示了特色新疆色彩，同时与品牌色相呼应，完整传递出这是一份来自"新疆的礼物"的设计理念。

包装是产品的视觉化自我介绍，现代包装在完成其保护功能之外，还应直观地传达产品信息。

包装设计不能为了吸引眼球或区别于其他竞品就标新立异，而是要通过符合产品定位的设计语言，更好地传递产品的核心信息和价值，让消费者一目了然地了解产品的用途和优势，方便其进行购买决策。这种以产品为中心的包装设计理念将为品牌赢得消费者的信任和忠诚，并推动产品在市场上取得成功。

—— 72LAB 熊奎奎

金质文君 1988

这是四川文君酒厂为纪念该酒厂产品在 1988 年连续获得三项质量金奖而开发的产品。包装采用 80 年代的复古风格，木刻版画，徽章头像的运用都围绕这一基调。包装通过卓文君和司马相如当垆卖酒的插图故事和名人题字来体现文君酒悠久的历史。外盒和商标上渐变 UV 新工艺的运用，使细节突出，立体感强，商品陈列效果好。

小文君情怀装

这是针对成都旅游消费品市场开发的一款产品，以卓文君和司马相如的爱情故事和当垆卖酒为创作原点，酒瓶上采用六幅插画加文字描述的方式来表述卓文君同司马相如的相识，当垆卖酒，白头到老的爱情故事。通过酒盒开窗的设计把整个故事呈现出来。小容量，分瓶化的设计加上小巧、紧凑、方便携带的包装，精准锁定旅游伴手礼市场。在品鉴消费的同时宣传推广了"文君酒"文化。

李宏斌·成都

178

1 2 四川省文君酒经营有限责任公司产品开发经理 李宏斌 独立创作

AI时代，
白酒设计如何拥抱变化

品牌视觉形象优化

为吸引消费者并提升用户忠诚度，酒类品牌必须挖掘出一套独特的品牌形象；AI 技术现在可以帮助品牌深度挖掘消费者需求偏好，从而帮助设计师更好地创作符合市场趋势的产品；同时品牌不应只追逐市场趋势，应当从自身文化内涵和产品特性出发，打造独特新颖的视觉符号，才能提高其品牌美感、价值与知名度。

产品创新设计

品牌需要不断推陈出新，不断引入新技术以提高用户体验和购买欲望。设计师一定要拥抱 AI，AI 技术可以为设计师提供多元化的思路和个性化的方案，例如虚拟现实技术和增强现实技术等，让 AI 成为设计师的最强辅助，共创设计新时代。

文化内涵融入

文化内涵是品牌永恒的灵魂。白酒包装设计可以以东方视觉元素为核心来表达产品的品质、品味与品位，让消费者同时领略品牌的文化价值，这也是文化自信的一种体现。适当的文化内涵融入，能够紧密地联系品牌与国家，从而加深品牌的荣誉度并突出其差异化优势。

综上所述，在 AI 技术的冲击下，白酒包装设计需要注重品牌营销和消费者场景体验，不断创新，打造出独具特色的视觉风格和优秀的产品设计。同时注重文化内涵的挖掘，这样品牌才能在市场中脱颖而出，并持续打造爆款产品。

—— 艺术总监 王松柏

剑南春 曼城冠军纪念酒

红方印创意团队

衡昌烧坊 经典装

水井坊 臻酿八号 1   钓鱼台 云门锦翠 2

1 2 红方印创意团队

霸茶 金玉天 1

以新国潮风格展开设计，将流光溢彩的敦煌飞天图与吉祥如意的大象两相结合，构图和谐，彼此映衬。采用宫廷黄为主色调，宫廷黄是古时皇家专用色，象征光明与尊贵，是王者风范的长久代表。

霸茶 2022 壬寅年生肖茶 2

整个画面中心元素由两个部分构成，即霸茶品牌名的核心字眼"霸"字和雄虎卧居古树丛林的王者姿态插画。"霸"字以原创国风书法，粗犷的线条和写意的笔锋霸气写成，与虎的王者霸气相呼应，双重体现本款茶叶是虎年的王者之品和霸气之作。

外盒包装采用中国红为主色调，中国红作为中国人的一种精神皈依，代表着喜庆、热闹与祥和。

左道设计·昆明

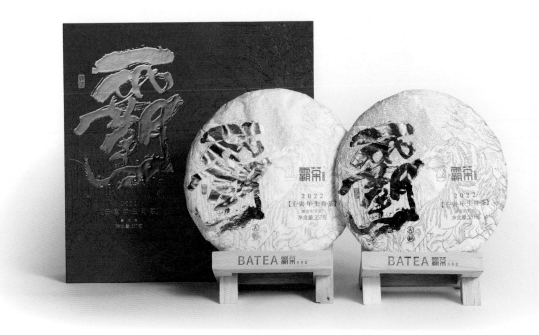

1 2 设计总监　张兴
设计师　左道团队

霸茶 古树标杆 1

礼盒以中国红为主色调，以云南古茶山的生物多样性作为基调，用古茶树、绿叶、吉象如意、七彩孔雀等元素，透过古茶山自然的原生态密码，揭示霸茶品牌纯粹的原生态价值。

下关沱茶 红印沱茶 2

下关茶厂是 20 世纪 50 年代早期生产的一批印级茶。一开始"中茶牌"商标产品采用外圈红色"中"字，中间"茶"字套印为红色，坊间将其称为"红印"。红印沱茶包装采取下关沱茶"红印沱茶历史档案资料"为元素进行设计与创作，以看得见的历史，使红印圆茶变成延续和传承的载体。

1 2 设计总监　张兴
　　　设计师　左道团队

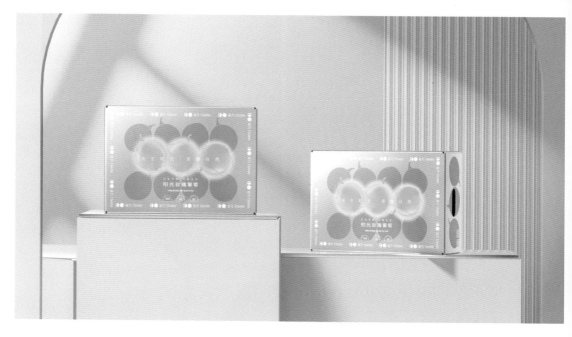

庭方农业 - 阳光玫瑰 ❶

阳光玫瑰葡萄的包装灵感来源于产品本身，包装提取了产品的颜色和通透感，让插画部分尽可能地还原出这款产品的特点，让一款水果的包装具有全新的表达。在材质上希望通过运用炫彩银卡让整个包装带有阳光下的光晕，更贴合"天生阳光，更懂自然"的品牌理念。

雨林的果 - 兜果子系列果干 ❷

兜果子系列果干包装采用"网兜"的设计理念，寓意把云南的美味水果兜在手里，以便消费者随时随地享用。包装使用明亮的色彩和活泼的字体，年轻的视觉化表达，不仅方便消费者进行货架识别，同时也让人感受到轻松的品牌氛围。

无非品牌 · 云南

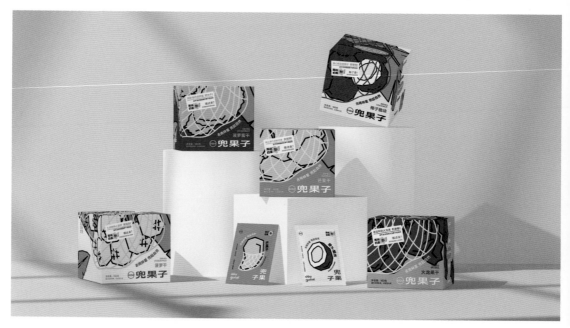

❶ 项目管理　李林雨
　创意策划　李林雨　李律
　设计　　　范瑞
　插画　　　范瑞
　视觉表现　Snake

❷ 项目管理　Meiko
　文案策划　十一　Meiko
　设计　　　上山放牛　Coco
　视觉表现　Snake

昆明冠生园-人民糕点厂

挖掘昆明冠生园在那个特定时代下在人们记忆里存在的画面和历史特征，用现代的、更有意思的年轻化方式进行解码与重构，从"人民"糕点厂"这样具有时代特征的词语出发，时代关键词定位在 20 世纪 60 年代到 80 年代，保留时代美学，结合人民画报、供销社、美术字、糖果纸包装的元素，并对那个年代饼干包装的"饼干装饰纹"进行提炼与再演绎，使之成为人民糕点厂的年轻化视觉符号，而不是空穴来风的"硬年轻化"格纹装饰。

185

项目管理　Meiko
创意策划　Meiko　MASON HOO
设计　　　MASON HOO
插画　　　波波　熙文
视觉表现　Snake

无非将创意角度着眼于市场与消费观点上，协助客户解决问题，并在同性质行业中找出合身的定位与品牌形象。通过品牌的"共感力"与消费者产生链接，从而达到商业目的。比起电脑上的"创意"，我们更看重符合商业逻辑的"表达有度"。

—— 主理人 王一

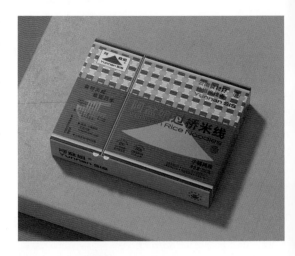

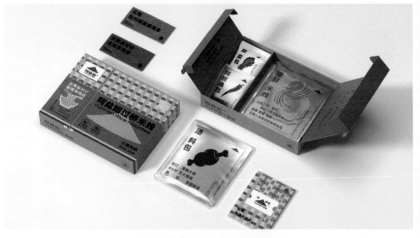

阿盆姐过桥米线系列

不只是风味，更融入人文，让云南丰厚的家园胸怀和生活温度处处可见。将云南丰富的自然资产转化为视觉语言，让热情洋溢的云南美学突破以往陈旧的视觉印象，品牌符号"竹编帽子"与包装有机结合并进一步放大品牌识别信号，用延展度、可变性高的"竹编"作为品牌肌理丰富的口味识别，让真正具有云南基因的米线品牌代表和统领品类。

无非设计·云南

项目管理　YAO
创意策划　YAO
设计　　　金银
视觉表现　Snake

小可喵儿冰淇淋 ❶

创作者运用猫咪的可爱，能够得到小朋友们青睐的特性，选用三只猫咪作为品牌的 IP 形象，猫咪兄妹的人设关系及不同性格演变成三种不同口味的系列产品。猫脸盒型设计与市面产品形成差异化，更加符合儿童产品活泼有趣的特点，拉近与孩子之间的距离，并增加陈列效果。

RAINFOREST HONEY 蜂蜜包装 ❷

四款口味对应不同的蜜蜂采花粉的场景。通过手绘的形式，展现蜂蜜的天然口感。品牌 logo 运用了熊、头盔等元素，也体现出品牌探寻最好品质蜂蜜的初心。

穆怀祺品牌设计·天津

1 2 创意指导　穆怀祺
　　 设计/插画　王雅宜　穆怀祺

澜帝品牌设计 (LITETE) · 天津

KERLOSO 红酒包装

红酒酒标营造出航海者第一次登上
这片土地所看到的景象，封口处使
用复活节岛的古文献内容做为装饰。
瓶身外裹纸为纯天然仿宣，用不同
的颜色区分不同葡萄种类的红酒，
复古而质朴。顶部文字增添了石像
的神秘感与诙谐感，而裹纸顶部用
火制造的烧痕，则代表了遗失的记
忆，仿佛隐藏着这段被抹去的文明。

188

创意总监　小狼君Langcer Lee
设计　　　法老　卷儿　幽幽
插画　　　高高　蓝宝
摄影　　　蒋涛

好的品牌设计并不是设计师自嗨的产物，也不是一味的向
环境妥协；而是张弛有度，收放自如的成熟表达。

别忘了，品牌的根本是流通。

产品的热度＋设计的温度＋传播的力度＝品牌的流通程度。

只有精准的定位、根据市场变化进行不断升级，使产品更
加流通，才能让品牌立于不败之地。每个成功的人都需要
清醒地认识到自己正在做什么、想要做什么、将要做什么，
而品牌亦是如此。

不要被当下复杂的市场表象所迷惑，而诞生浮躁的品牌。

洞察品牌痛点，赋予品牌灵魂，是一个成熟的设计公司应
该做到的。

—— 小狼君

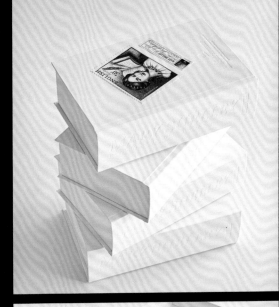

玛丽·雪莱 贵腐酒

玛丽·雪莱（Mary Shelley）是 19
世纪初英国知名女作家，被誉为科
幻文学之母。玛丽·雪莱是女性才
华与梦想的代表人物，也是品牌想
要传递的内涵。整体包装为一本没
有任何印刷的书籍，搭配邮票、邮戳、
火漆、皮绳绑带、羽毛瓶贴酒标，
诠释女性的才华和魅力。

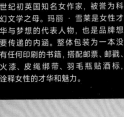

澜帝品牌设计（LITETE）·天津

189

创意总监　小狼君Langcer Lee
设计　　　法老 卷儿 幽幽
插画　　　高高 蓝宝
摄影　　　蒋涛 劼雳

传承中式传统文化的设计理念，以汉服作为设计切入点，又结合产品的时令性，在仕女服饰中融入中国的二十四节气以及中国传统节日元素，搭配中式古典颜色。

盒体采用纸浆模塑工艺，以竹浆、甘蔗浆等作为原料，在使产品更具整体感的同时兼顾环保。

澜帝品牌设计（LITETE）·天津

190

创意总监　小狼君Langcer Lee
设计　　　法老　卷儿　幽幽
插画　　　高高　蓝宝
摄影　　　蒋涛　劢舞

祥禾饽饽铺 - 零食系列糕点

本次包装升级，提炼"中式文化感"为贯穿祥禾饽饽铺的灵魂关键词，在满足定位人群审美需求的同时，整合了祥禾的视觉品牌。中式古典色的典雅＋抽象夸张插画的活泼，表达了别有风格的文化感。双层盒型结构，新颖特别，增加消费者体验感的同时在货架上更为醒目。

澜帝品牌设计（LITETE）·天津

创意总监　小狼君Langcer Lee
设计　　　法老　卷儿　幽幽
插画　　　高高　蓝宝
摄影　　　蒋涛

TALOSKY威士忌 🟦

随着消费不断升级，消费者对于品牌包装的需求越来越多样化。这也促进了品牌方和包装设计行业在这方面不断地探索和精益求精，毕竟在一个拼颜值的时代，给产品穿上什么样的外衣影响的是品牌外部形象和直接的销量和效益。

消费互动性是品牌在实际营销中应该考虑的一个重要的着力点，从产品的功能体验到外部包装形象的表现，都要强调差异化与个性化，未来甚至要结合全新的科技手段，把个性化定制因素植入产品包装中去，让消费者愿意与品牌互动，并觉得是一件有趣的事情。

网红营销已经是品牌当下"圈粉"和销售的重要工具，在包装设计定位上，如何定位符合线上销售"气质"的包装形象，同时又兼顾线下的需求，这是需要考虑的维度。或许一个爆点，就让一个不知名的品牌火遍大江南北，在这个网络时代，一切皆有可能。

品牌包装情感温度。经过几年疫情，人们的思想及情绪都会有变化，对有情怀、有温度、有趣的包装会更有共鸣，产品包装设计在消费者没体验的前提下，首先就是解决消费者对美好事物的情感需求，然后是产品本身的功能需求，能和消费群体进行情感沟通的包装，自然是高级的，让消费者产生认同感，才能有忠诚度，这无疑是企业和品牌所需要的。

—— 创意总监 杨博

北京博创设计（BOFLY）·北京／山东

光义烧坊酱酒 🟦

1 2 博创设计创意团队

拉古娜啤酒 **1**

TALOSKY调和威士忌 **2**

1 2 博创设计创意团队

优活家低糖大麦茶 **1**

优活家无糖大麦茶 **2**

兰德尔啤酒 **5**

1 **2** **3** 博创设计创意团队

优活家胡萝卜汁 **1**

锌益母婴饮用水 **2**

江南贡泉山泉水 **3**

1820姜蒜香醋 **4**

1 2 3 4 博创设计创意团队

森林木耳

森林木耳是木耳品类里的稀有及高端产品。它生长在中国东北长白山原始森林中，在红松林自然环境里生长成熟。

设计希望突出森林木耳的稀缺性和森林原生性，并认为栖息在长白山濒临灭绝的东北虎同样呈现了这一特征。基于木耳的天然生长形状，用木耳和松枝拟合老虎的五官，以此展现环保的设计理念。

创意总监　吴介
客户经理　郑娟莺
设计师　吴琼　李垚　杨澜

UP!G 沙棘果汁

产品主要面向年轻消费群体,以好喝、好玩、潮酷、趣味方式和消费者深入沟通。设计必须解决产品与竞争品牌的差异化,让包装符合年轻人审美,吸引消费者注意力,同时突出产品本身好喝的口感。一颗优质沙棘果,天生自带甜蜜、喜感。采用沙棘果与表情结合的方式,让沙棘果表现出一种自我陶醉的表情,好像喝到美味一般。

创意总监 吴介
客户经理 郑娟莺
设计师 吴琼 李垚 杨澜

洽洽皇葵瓜籽 **1**

我作为一位从事包装设计与营销咨询工作近30年的从业人，近年来深刻感受到，虽然许多企业越发重视产品包装，但是在包装设计过程中却出现了很多认知上的误区，而且对于产品包装设计的美丑和优劣等一系列价值评判标准，也越发变得混乱不清。许多企业的市场营销人以及包装设计师对包装的创作思考与优劣评判，往往仅停留在从个人主观美学视角判定的自我潜意识里。

雀巢超大杯咖啡 **2**

但是，包装作为众多企业的核心市场营销要素之一，承载着助力产品销售的重要使命。所以，单纯从美学视角永远看不清产品包装设计的本质。产品包装设计的核心价值评判不在于其美学价值体现，而在于是否实现了产品与品牌的商业价值。于是我问了自己几个产品包装设计领域最重要的问题：什么才是产品包装？产品包装最重要的作用是什么？什么样的包装设计才算是好看的？什么样的产品包装才能够更好地助力销售？

齐齐牛油火锅底料 **3**

我带着这些困惑，用4年时间写作完成了《包装的力量》。此书结合营销学、产品学、消费者购买心理学、传播学、设计学5大学科，从产品包装最重要的美学艺术与商业价值两个维度，全面阐述了商业包装的设计方法与评判标准。如果你是企业老板、市场营销人员，或是包装设计从业者，不妨对书中内容好好琢磨，相信会从中得到大量的有益知识。

—— 紫珊营销创始人 张宇征

雀巢鹰唛炼奶礼盒 **4**

紫珊营销 · 北京 / 上海

1 **2** **3** **4** 首席创意官 张宇征
紫珊包装创意组
紫珊客户部

雀巢黑咖100天

飞鹤茁然金装儿童奶粉 ②

鲁花花生油 ③

① ② ③ 首席创意官 张宇征
紫珊包装创意组
紫珊客户部

宋霁沉香礼盒 1

霁月浅映，和风微拂。
宋霁沉香延承宋代古风，包装以汝瓷原木为器，定格一朵闲云，营造出沉香艺术品的格调。

参王谷红参饮品 2

有参的山谷，必有鹿的身影。衔着参籽的金鹿，现身于亚金色山谷中，象征着参王谷产品品味的高贵，带给世人吉祥康宁。

大国食安高油酸花生油 3

领先的工艺、珍稀的原料是产品优质的保障。包装主元素融合了油珠与科技符号，集中凸显了在健康与科技基调下高油酸花生油的卓越品质。

1	出品方	和平造物
	创意策划	北京东方尚/刘天亮工作室
	品牌总监	刘天亮
	设计制作	陈勤 于晓溪

2	出品方	参王谷
	创意策划	北京东方尚/刘天亮工作室
	品牌总监	刘天亮
	设计制作	于晓溪 于克彬

3	出品方	大国食安
	创意策划	北京东方尚/刘天亮工作室
	品牌总监	刘天亮
	设计制作	于晓溪 要皓伟

在"东方尚品牌树"的理论体系图谱中,品牌定位是种子,主体是大树,基础是树根,理念是太阳,资源是土地,产品是果实,宣传、销售、渠道、市场、推广各有对应的生态元素符号,元素间彼此掣肘相互关联,形成环环相扣、相辅相成的品牌生态闭环体系。品牌研析是"蜜蜂",它来采集调研体系内外的信息并作出评估定位,以保证品牌、产品在大的商业丛林环境和时局中始终保持最佳在线模式。包装之于产品,是载体,也是媒介,要求在生态全局的定位里做到恰到好处,将"果实"的信息、优势、特色集中外化。

—— 品牌总监 刘天亮

大国食安龙米 1

五常稻花香2号,聚焦核心产区优势,成就龙米的小众高贵品质。设计主元素以米粒奇幻组合,蜿蜒成龙,令包装主题分明,过目不忘。

水非水眼舒冷敷贴 2

水经过电解科技,其离子演变重组,用在冷敷产品上,可令眼睛舒适明亮,焕然一新。

1 出品方　和平造物
创意策划　北京东方尚/刘天亮工作室
品牌总监　刘天亮
设计制作　要皓伟 刘仲

2 出品方　九合堂
创意策划　北京东方尚/刘天亮工作室
品牌总监　刘天亮
设计制作　要皓伟 于晓溪

设计师的使命不仅是表达美,更重要的是要发现美、传递美,通过对用户心理的洞察、社会需求的思考,用设计表达自己的所感所想;通过创新的形式让用户关注或对新的事物有更深的思考,从而影响用户,甚至改变用户的状态。这是设计的社会性意义。

中国人是世界上最会种菜的民族,这源于对土地深厚无比的情感,这份热爱数千年来一直烙印在基因中,随着国内城市化进程的不断完善,种植体验、植物疗愈等阳台农业成为一种新的生活方式,被更多年轻人群所追捧。然而,传统的种植产品在产品体验、视觉感官上与年轻用户的需求相去甚远,审美不同频,勾不起用户尝试的欲望,感官体验差,成为影响用户尝试种植的重要原因。

作物生长是专注城市种植体验的品牌,我们通过包装材质、视觉概念、包装信息的创意,让种植趣味化、情绪化,从而打消用户对种植的专业恐惧;通过好看的设计吸引用户关注和尝试种植产品,在过程中简化烦琐的流程,创造有趣体验,让更多人感受植物种植,收获乐趣,得到关于个人成长、家庭关系、自然环保等的生活感悟与启发,感受"向下扎根,向上成长"的品牌理念。

—— 作物生长创始人
布谷品牌创意总监
李前承

作物生长 牛皮纸袋种植套装

采用水洗牛皮纸作为种植容器,形式新颖,且材料透气性强,利于植物生长,降解速度更高,环境友好,符合品牌可持续发展的理念。采用封套的包装形式,轻量化包装的同时最大程度降低包装成本。

创意总监　　　李前承
执行创意总监　门晓彤
供应链　　　　韩亮 柳会洋
设计　　　　　段双双

作物生长 七彩系列种植套装 ▮

质朴的风格让种植这件事看起来更轻松，简洁明确的流程让种植体验更完整、更方便。该系列产品选择易种植、观赏性强的常见蔬菜，让人们熟知的蔬菜以新的方式与用户建立关系，搭配不同作物的性格和情绪，强调家庭种植的美好体验，选择全天然植物纤维压制，全降解无毒无残留，让消费者在种植绿色果蔬时更放心，在购买和使用的过程中有更好的体验。

作物生长 儿童系列种植体验套装 ▮

画面展现的是孩子见到新鲜事物时所发出的声音，产品包装通过有趣的图形设计和简洁的包装画面吸引孩子的注意。在物料选择上规避尖锐的物体，将安全风险降到最低，同时选择环境友好的植物可降解花盆，产品选择大颗粒、发芽快的植物，为儿童提供直观、快速的种植观察与自然教育载体。

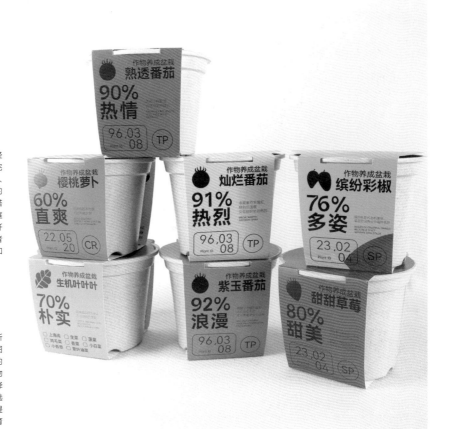

布谷品牌·北京

▮ 创意总监　　　　　李前承
　执行创意总监　　　门晓彤
　供应链　　　　　　韩亮 柳会洋
　设计　　　　　　　段双双

▮ 创意总监　　　　　李前承
　执行创意总监　　　门晓彤
　供应链　　　　　　韩亮 柳会洋
　设计　　　　　　　汪宁皖秦

中茶 绿茶全系产品

中茶是中华老字号资源库中一家全品类茶叶企业，绿茶类是中茶非常重要的产品系列，北京西林设计受邀为中茶绿茶系列设计全新包装视觉。以"聚九州茗绿，品华夏春鲜"为主题，体现中茶绿茶的丰富品类，集合十大核心产区名优绿茶，满足消费者对早春绿茶自饮和商务送礼的需求，包装突出中茶品牌识别，整个系列生意盎然。

西林设计·北京

设计总监	黄林杰
执行创意组长	程海燕　邵洪玉
设计组员	方婕
插画	董俊明　段玲
渲染	董思捷　周孚玉
完稿	余赛

中茶 千山系列

中茶作为赞助品牌与中国诗词大会跨界联动，北京西林设计受邀共同打造中茶 × 中国诗词大会联名系列产品。为千山打造的罐形创意也来自《千里江山图》，采用天圆地方的东方审美，盖顶把抽象的山几何化、符号化，"山"在国人眼中，是美景、是壮观，更是一种对天地万物的认知与思考，中茶遍寻千山，只为一罐好茶。

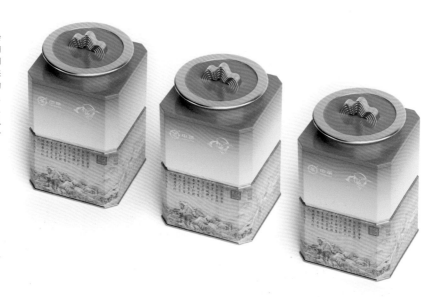

设计总监	黄林杰
执行创意组长	邵洪玉
插画	董俊明
渲染	董思捷
完稿	余赛

品牌包装设计需要具备独特而显著的设计方案。在设计产品包装时要注重差异化和创新性，以此吸引消费者的眼球。只有这样，才能让消费者在众多同类产品中快速辨识出你的品牌，形成品牌的辨识度和忠诚度。

其次，品牌包装设计需要符合产品的属性和定位。针对不同的产品定位、目标市场和受众特点，考虑其属性、价值和特点进行品牌包装设计。应该从消费者使用产品的场景、喜好及使用心理需求等方面入手，深入挖掘产品内在的品牌故事，将包装设计与品牌文化和品牌理念相融合，传递品牌的价值观和愿景。

品牌包装设计需要不断创新与优化，保持品牌的活力。

—— 设计总监 黄林杰

巴黎贝甜 端午节粽子礼盒

夏色倚青艾，棕香传平安。西林设计受邀为国际烘焙品牌——巴黎贝甜做端午节的产品包装创意设计，在近三年中，巴黎贝甜用心地与中国消费者沟通，结合中情西韵的思考，西林设计结合国人端午插艾的习俗，在包装中使用艾草元素，还特意添加福包、许愿牌以及生机勃勃的小鸟与花朵，传达送礼送平安，祈福安康、幸福之意。

西林设计·北京

设计总监　　黄林杰
执行创意组长　程海燕
插画　　　　董俊明
渲染　　　　董思捷
完稿　　　　余赛

设计并非只是为了让客户满意。设计师不应该是客户的"仆人"，而要和客户保持伙伴关系。客户找到设计师，是因为专业价值。设计师把心思都放到研究客户的喜好上，是害人害己，要和客户一起研究客户的客户，一切都要以消费者的需求出发。

设计不是自我想象的艺术品。设计需要艺术表达，但设计师不是艺术家，艺术家要有自己的风格，而设计师要研究需求，要能有各种风格。同时还应兼具逻辑思维与感性思维的能力，感性创作以理性分析为基础，不能一味追求创新，或一味套路模仿。

设计不仅仅只为客户赚钱。我们不能着迷于短期兴奋剂式的设计，而应该做出更加健康有成长积累的设计。一个是眼前的考虑，一个是长远的规划。我们的设计应该是有生命力的，不是昙花一现的美丽，要经得起时间的洗礼、岁月的变幻。不仅要卖货，同时还要积累品牌资产。

—— 总监 郭玉龙

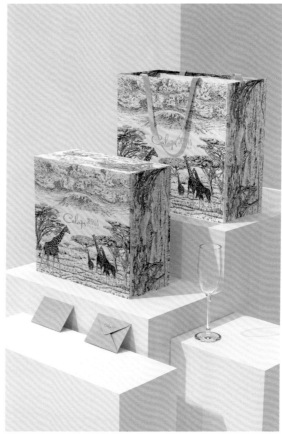

凯洛诗 水晶杯礼盒

展现来自非洲乞力马扎罗山的奔放与自由，长颈鹿在草原上闲庭信步，白云怡然自得。插图用松散的笔法体现品牌向往自然的心。

设计师　郭玉龙
插图　仝娱乐
效果图　尚尉

农夫山泉 长白雪水卡礼盒

整个包装通过镜头的概念来体现发现和探索精神，透过盒子顶部的透明 PVC，隐约可以看到盒子里树木丛生、生意盎然。仿佛是世外桃源，让人忍不住赶快打开看看里面到底是什么。通过错层的设计，把植物、山、动物融合在同一画面中，气氛和谐自然，以此来体现环境的美好。打开后错层画可以作为一个装饰画，立在书桌，供人欣赏。

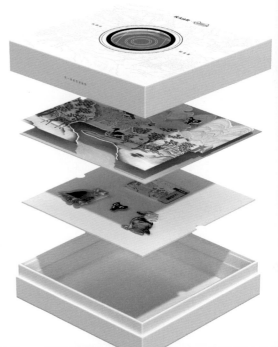

设计师　郭玉龙
插图　　山中鬼
效果图　尚尉

谯姑娘 黑芝麻丸 **1**

约雄冰川藏 冬虫夏草礼盒 **2**

用洁白的印象来体现西藏的神圣与纯洁，插图以约雄冰川作主题，采用铜版画，使其有经典正宗之感。标题文字为西藏活佛所题写，金色的图标设计体现产品的贵重感。内部用透明 PET 做独立包装，可以看到内部的鲜虫草，体现产品的货真价实。

1 设计师 郭玉龙	**2** 设计师 郭玉龙
插图 山中鬼	插图 郭玉龙
效果图 尚蔚	效果图 尚蔚

大埚印象山茶油包装 🔳

礼盒外包装设计通过"埚"象形字的转换，强调山茶油的产地和品牌的名称。对大埚地区特色建筑和风景进行二次创作，使包装设计具有辨识性，形成富有特色的产品，蕴含着鲜明的地方文化特色。

千字号茶叶 🔳

以金丝线为原型，延伸出茶叶产地的空间画面感，同时勾勒出品牌"千"字号的形象，既体现出茶叶加工的珍贵，又加深品牌符号。包装采用烫金工艺加击凸工艺（礼盒）、嵌入式铁罐加视高迪UV工艺印制。

赊店香黑芝麻石磨香油 🔳

通过插画的视觉语言，将传统服饰的图纹与黑芝麻巧妙结合，有传统纹样和石磨工艺的考量，也不脱离产品的本身。让产品更具历史文化底蕴，同时融入特色建筑元素，突出地域性。字体融入芝麻元素，加深消费者对产品的认知。

🔳 🔳 策略　陈清松
　　　创意　刁飞
　　　设计　胡鹏宇

🔳 创意总监　陈清松

金鹿 75% 高油酸葵花籽油 1

金鹿高油酸主打健康，因此选择从葵花、太阳、运动入手，通过简笔画表现出品牌健康的同时，巧妙呼应葵花籽油的产品属性，提高艺术感的同时将产品信息放大，吸引消费者的注意。方正瓶形包装加透明瓶身装饰，更易突出葵花籽油的干净天然。

金沙河盛世名面 2

产品塑造上注重地域特色，展现品牌的文化气息，打造符合当代审美的挂面。加入地标建筑展现当地的风味面食形象，形成和谐统一、具有地域风味的主视觉，直观表达出产品的特性。赋予产品浓厚的画面故事感。

正红轻食包装系列 3

包装以满版的水果、蔬菜插画充斥画面，形成强烈的视觉冲击。整体视觉用色较为丰富斑斓，意在从色彩上引导消费者的用餐情绪并对消费者进行心理暗示，进而激发消费者的食欲，让轻食变成快乐的享受。

灵智品牌策划·南阳

1 2 3 策略　陈清松
　　　创意　刁飞
　　　设计　胡鹏宇

天台芽 - 天台万年山茶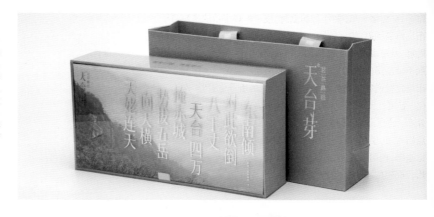

这是为天台芽 - 天台万年山茶创作的
"诗词"包装。包装的关键概念是将李
白诗作《梦游天姥吟留别》中的诗词
进行提取,并应用到产品包装上,用李
白的影响力来拓展产品的知名度,从
而实现借力打力。包装封套采用烫红
金工艺,强化"天台"二字,与品牌名
暗合,强化了产品界限;整体文字排
版错落有致,与内盒包装封面的原产
地实景照片融为一体,创意巧妙。

雄安德韵博物馆

因雄安版图酷似雄狮,长伟设计提出
"日出东方映雄安"的概念,将内置
"雄安狮"印章的印钮与印泥盒形状
进行提炼、组合,形成雄安"如日东
升"的画面。采用大面积烫金并通过
压凹工艺,将"雄安狮(雄安版图)"托
起,寓意巧妙。

九年老白茶

该款产品是鱼谱品牌与太极茶道第七
代传人银汉晴老师联名推出的文创
茶。采用九年老白茶压制成的北齐
"莲花瓦当"形装。创作者巧妙地在王
羲之所书的"兰亭序"中提取"九年"
二字,作为视觉符号,与九年老白茶属
性一致,创意巧妙。包装设计借鉴"档
案袋"的样式,跨界应用到茶品上,让
消费者从感官上耳目一新,激起消费
者的好奇心。

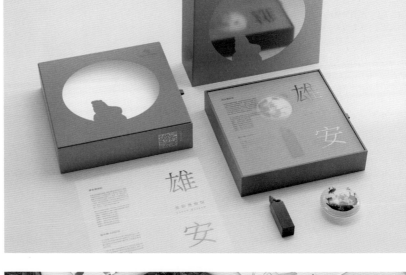

长伟设计(CHANGWEI)·雄安

212

1 2 3 创意总监　　　　李长伟
　　　执行创意总监　　李长伟
　　　客户经理　　　　王俊莲
　　　摄影　　　　　　朱树堂

市场 + 文化 + 创意 = 好的品牌。设计的最终目的是要基于市场解决问题。设计师要从市场角度出发，要先找到竞品或同品，从色彩、文字、理念、包装等维度进行横向对比分析，找到市场差异化的点，再结合行业发展趋势及设计公司多年的市场经验进行预判，整合出基于市场的差异化策略。再谈文化，它能让策略产生溢价，可以理解为策略穿了一身华丽的外衣，凸显身份，看着更"值钱"。需要注意的是文化植入要点到为止，够用就行。创意是对市场策略、文化价值的整合视觉输出，也可以说是"颜值"，是让消费者获得品牌（产品）认知、好感度的关键点。

—— 李长伟

老马号酒 1

客户以"老马号"命名，将其定位成"保定人的品质口粮酒"。瓶贴设计借鉴民国老报纸的版式，将品牌故事描绘在瓶贴之上。"老马号"三个字以民国风呈现，典型的时代气息能够唤起老保定人满满的回忆；右下角"酒坛"图形融入汉字"酒"，形成印章，巧妙而不失统一。

郦道元酒 2

设计将《道德经》内文通过击凸工艺描绘在瓶贴之上，虽无着墨，却是整体布局中的一个重要组成部分，通过利用白与黑的辩证统一，取得虚实相生，知白守黑的妙用，让产品耐看的同时又不失花哨，再搭配如同"水滴"造型的瓶身、凸起的"道元"，让每一位消费者都可以第一时间感受到产品散发出的东方文化韵味。

巴乡清酒 3

该包装设计融汇了"巴蜀"元素（建筑、乡村、群山、水滴 / 酒水的意向）；为了加强造型感，将四川四姑娘山的形状进行提炼，与巴乡清酒的字体融合。帝王黄的瓶身色彩在市场中极易跳出，具有较强的识别性。

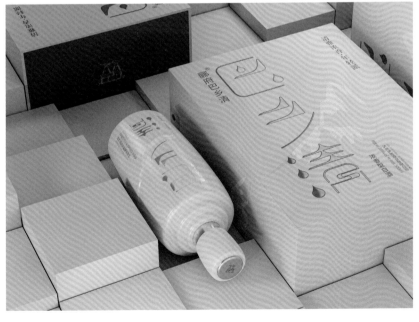

長伟设计（CHANGWEI）· 雄安

213

1 2 3 创意总监　　　李长伟
　　　　执行创意总监　李长伟
　　　　客户经理　　　王俊莲
　　　　摄影　　　　　朱树堂

满栗香-板栗系列

设计用汉字进行图形创意，经调研分析后提取"满栗香"品牌名中的"栗"字作为主视觉符号，将产品"栗子"香甜软糯的特点融入汉字图形。清晰的线条传递出对产品品质的坚持。饱满的"栗"字形不仅传递了产品的品类及特点，还将传统的团福理念带入其中。设计风格是当下国际主义风格的另一种先锋性的表现，凸显品牌个性。既体现年轻人的气质，又传递了传统的文化思想。简洁、清晰、直接、高效的传达，具有较高的货架跳脱率和延展性。

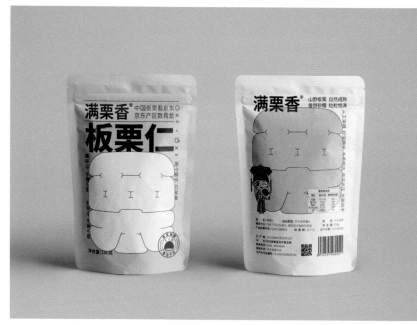

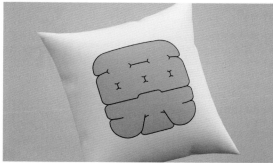

项目总监　崔宝
创意总监　任常斌
客户经理　孙成广
设计　　　侯嘉琪

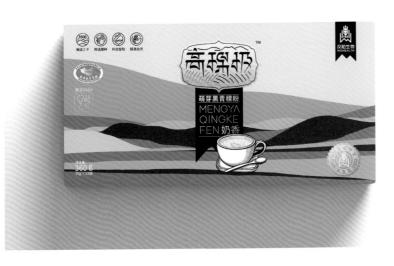

高稞极 萌芽黑青稞粉系列

日益繁杂的工作，将都市人的目光聚焦在运动和饮食健康上。人们开始追求有机无公害的健康饮食。包装设计以抽象的青藏高原为背景，体现其净土青海的天然绿色有机。"高稞极"字体融入藏文特点，强化其青藏的基因，传递出自然、有机、健康的产品价值观。

晏钧设计·石家庄

215

项目总监　崔宝
创意总监　任常斌
客户经理　孙成广
设计　　　侯嘉琪

创意开发多元化包装形态赋能品牌商业价值，通过外在视觉美学 + 内在商业价值 + 全面细节体验构建万能包装解决方案。让包装回归理性的本质，平衡美学与商业的表达，实现真正的"利他性"，换言之有利于品牌的包装解决方案才是有效的创意与设计！

—— 盒气（HEQI）

茶圆月色

围绕"茶圆月色"主题，聚焦核心"茶"元素，通过茶树、云雾缭绕的茶山、茶花，刻画一幅茶艺画卷。画面轮廓参考圆形月饼，契合主题"茶圆月色"的"圆"，以月亮、白兔、仙子等元素营造中秋氛围。美学兼容，汇聚传统与新潮风味，为中秋增添新韵味。

盒气（HEQI）· 厦门

创作团队　盒气（HEQI）

赏心月明

原创中秋礼盒，通过透明盖水波纹设计诠释肌理美感，还原月光倒映在水面的美好意境，从视觉上营造"盈月流光、透映美好"的中秋氛围。

色彩上采用大胆明亮撞色，与透明盒盖映衬、内外呼应、理性融合、色彩纷呈。

217

创作团队　盒气(HEQI)

粽头戏

礼盒以中国国粹之一"京剧"为设计元素。插画上还原京剧韵味，精心勾勒人物的色彩、妆容、头饰、服装，京味十足。

主题"粽头戏"以书法字呈现，完美嵌入画面，韵味一脉相承。一年一度的传统节令，书法字与京剧两大主角以国风的方式，为端午上演"一出好戏"。

盒气（HEQI）·厦门

创作团队　盒气（HEQI）

粽游记

端午礼盒以"粽游记"为主题，营造出粽叶飘香、畅游人间山水的意境氛围，将东方美学与现代创新理念相结合，为传统节日献上一份国风新意礼。

新款盒型以龙舟形态呈现，有纵横四海之韵，设计中加入多功能茶台的创意理念，融合中国茶与中国节的东方之美。

盒气（HEQI）· 厦门

创作团队　盒气(HEQI)

包装是最有效的传播载体，因为包装可以 100% 触达消费者。媒体环境在变，营销环境在变，唯一不变的反而是包装本身这个载体。作为产品的外衣，包装设计在这样巨变的环境中越发突出它的优势和重要性。

"人靠衣裳，产品靠包装"，如果说包装是产品的外衣，那么它天生就具备了跟消费者沟通的功能，人们往往会通过包装去认识这个产品具备什么"能力"，什么"性格"。

当然，卖得好的产品不一定好看，好看的包装也不一定好卖。随着消费升级和年青一代的崛起，谁会反对好看的东西呢？别忘了当消费者不太了解一款产品的时候，往往会通过视觉品质去判断产品品质的好与坏。我们更注重的是在好看的前提下，重点让产品的信息策略逻辑输出得更明确。

我们认为，所有创意表达问题，都是品类战略问题，所有包装问题，都是信息策略问题。没有准确而明确的信息策略逻辑，再精美的包装也都是耗费资源的视觉浪费。

—— BAI Brand 创始人 曾章柏

今麦郎 - 拉面范 意大利面

今麦郎旗下高端面饼品牌拉面范推出新品意大利面。包装围绕意大利风格与拉面范本身视觉 IP "招财猫"相结合。通过精致的食欲碗图，简约明快的色彩，营造出高端、精致的吃面画面，提升产品价值感。

创意指导　曾章柏　黄少锋
创意执行　蔡坤赟
客户经理　陈梦迪

今麦郎 - 河南烩面

BAI Brand 为今麦郎打造河南烩面的
地域产品包装。将河南简称"豫"作
为符号，结合插画建筑元素，让质
朴的碗图与"豫"字图形巧妙结合，
富有河南的地方特色。

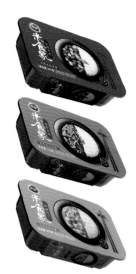

三全 - 米食家 2
三全旗下高端自热米饭系列，立足
"好米好饭"，占位高端市场，画面呈
现一菜、一饭、一筷的用餐仪式。
体现产品的高端，表现"米食家"对米
饭的极致追求。

221

1	创意指导	曾章柏 黄少锋		2	创意指导	曾章柏
	创意执行	大福			创意执行	朱泉宇 陈静
	客户经理	陈梦迪				

君乐宝 - 小小鲁班 [1]

顺应2~3岁儿童和家长的奶粉饮用和使用习惯，创新奶粉的便捷饮用形态，开创营养与便捷并重的儿童理想乳品品类——液态奶粉。

以奶瓶、奶罐造型作为核心视觉符号，借助奶粉概念树立品类认知，完美达成消费者心中的营养占位。以简约色彩、极简线条为主，与其他品牌缤纷多彩、卡通造型的产品形态拉开差距。

白象 - 自然谷语 [2]

自然谷语是白象面粉事业部的全新品牌，致力于打造适合年轻家庭的健康面粉。产品以线上销售为主，希望通过鲜艳的色彩、灵动的视觉元素吸引年轻妈妈消费群体，并形成统一的视觉符号，延伸出一整个系列产品，组成产品矩阵。

可比克 - 花颜纯切 [3]

基于花颜的创意概念及纯切产品的特点，创作形成薯片花的核心视觉符号。撞色手法形成强烈视觉冲击，与对应的花果口味进行碰撞，焕新可比克产品印象，在终端给人独树一帜的感受。

[1]	创意指导	曾章柏		[2]	创意指导	曾章柏	黄少锋	[3]	创意指导	曾章柏	黄少锋
	创意执行	黄少锋			创意执行	龙俊璋	蔡坤赟		创意执行	邱婉茹	
					客户经理	杨芷茵					

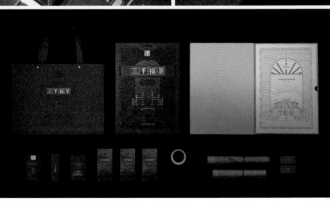

三千福茶

整体以好茶的出品和传统村落茶文明守护者为导向，强化文明典籍时代记忆让书成为文明的象征，记录人文地理故事。

以粮票、报刊、纸币等流通信息为核心，融入企业核心精神理念，强化合作社精神符号与拱门、茶农、茶山等质朴的时代核心元素，通过多维度的文化注入，让更多的人感受传统村落茶文化的魅力。

223

言森创意团队

创意总监　叶梦成
技术总监　吴必达
执行插画　李挺

看"脸"的时代，更是无硝烟的视觉营销时代。美与器两者从古至今并不冲突，美乃心灵沟通，器乃功能之用，也就是商业价值之用。两者均为共生价值产生增量，不偏不倚中回归品牌价值沟通本质。

人是万物的尺度，所有表达的外化均为品牌内核精神与人链接的产物。品牌市场如同生物多样性的森林共生模式，和而不同却美美与共。每个品牌如同一个个鲜活的生命，用不同的品牌种子的价值序列萃取，通过唤醒品牌鲜活度，实现品牌生长到增长的创变。

商业设计是哲学工程，有的放矢且以人为靶心，是深入角色后调动一切工具或媒介达成矛盾的正向转化的全过程。需要商业价值 + 文化本体 + 美学精神三者的相辅相成。

—— 创意总监 叶梦成

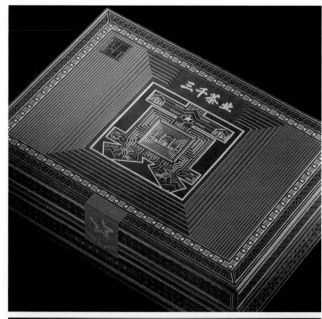

小真罐茶叶包装

真是一种信任、内在的人格魅力。整体以汉字"真"融合 CPU（中央处理器）芯片作为精神驱动贯穿产品，诠释茶叶文明中的中式经典。

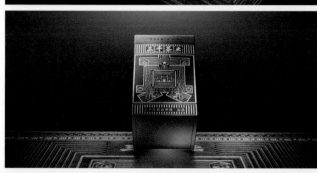

224

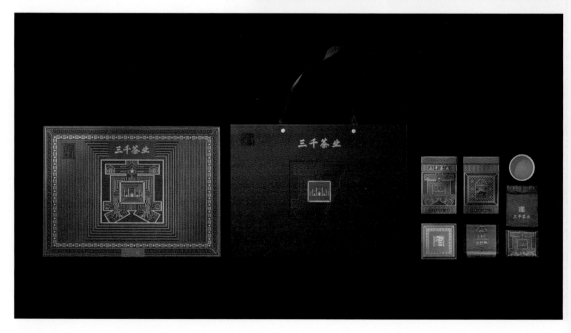

言森创意团队
创意总监　叶梦成
技术总监　吴必达
执行插画　李挺

三千茶业 10 周年纪念茶

结合企业成立 10 周年与 521 国际饮茶日推出的纪念茶,原料来自锦绣茶祖——云南平河村,产品通过重新定义高贵与朴素的关系,诠释土地之魂和匠人之光。

以品牌理念守护和共生为导向,通过村寨木雕等文化元素融合成抽象的十,共汇共聚共和成 10 年脚步,产品内部核心通过一枚茶文明芯片链接起都市与大山,让世人领略到中国古茶文明的魅力。

言森创意·厦门

言森创意团队

创意总监　叶梦成
技术总监　吴必达
执行插画　李挺

包装设计，无论处于哪个领域，它都为人们提供了一个了解现代视觉文化的窗口。在我们的日常生活中，处处可见的包装美学争相吸引着我们的眼球，它潜移默化地传递着符合这个时代的潮流与趣味。

"觉察美的存在"，拥有一双敏锐且灵活的眼睛，随时随地都在习以为常的生活场景中捕捉"设计"和"美"的存在，收藏每一个微微颤动的感知瞬间，用商业产品打造日常美好体验，让设计成为联结品牌与消费者的情感丝线。

睿伯浩意
·
厦门

它似一位有魔力的"艺术家"，也似一位会说话的"销售员"。包装设计不是单纯的平面思维，而是介于工业设计与平面设计之间的一个领域，它更像是一门"融合美学"，需要我们综合商品的目标受众、品牌形象、产品特点、包装材料等信息，从多个维度推敲与思辨，再代入商品创意出品。

包装，是我们接触产品的第一印象，它具备基础保护功能作用的同时，通过视觉设计与结构设计融合打造商品美学体验。好的包装设计，应当做到"商业与艺术的平衡"，兼具美观的同时，也能彰显品牌特点，为品牌注入灵魂，唤醒视觉语言，促进商品的销售，增强商品竞争力。

—— 睿伯浩意

RIO 清爽系列

本次包装设计保留了 RIO 家族系列
感，沿用水果干净利落的斜切视觉
效果，通过水果本色与水元素的相
互碰撞，将视觉感受带入场景感受，
给予消费者"清爽"的感觉。

睿伯浩意 · 厦门

227

设计总监　张伟强
包装设计　赵菲凤
包装设计　杨婉芳
3D设计　蔡昕哲

银鹭好粥道

营养健康已经成为当代年轻人关注的话题，此次好粥道包装升级在保留原有包装视觉要素的基础上，通过为品牌植入更具年轻、健康、活力的 IP 形象——"谷谷"，打造一款更能吸引年轻消费者的产品；同时强化品牌一直在传递的"五谷杂粮粥"的健康属性，强调与其他传统八宝粥的区别。

睿伯浩意 · 厦门

设计总监　张伟强
包装设计　邓芸洁
插画　　　张宁
3D设计　　蔡昕哲

银鹭无糖茶

随着消费者健康意识不断增强，无糖茶越来越受到消费者关注。此次银鹭无糖茶包装从两个维度进行设计，通过名茶元素结合当地特色建筑等元素体现"产地名茶"的茶文化以及茶意境；以年轻化的插画形式呈现名茶高端品质，从而与年轻消费者建立沟通，做一款年轻人喜欢喝的无糖茶。

睿伯浩意 · 厦门

设计总监　张伟强
包装设计　庄雨森
插画　　　张宁
3D设计　　蔡昕哲

年轻群体逐渐成为茶叶消费的主力军，好看、好用、个性逐渐成为年轻群体的选择标准，品牌需要正视群体需求不断推陈出新。茶叶不仅是饮品，更是用户逃离繁忙都市生活的窗口，如何在简化的同时，延续饮茶的文化感与仪式感，增强用户饮茶需求，将是传统茶行业的新突破口。

—— 创意总监 包一达

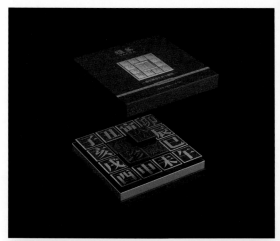

雅茶小方玺

盒立方助力雅茶品牌，通过方形与"雅"字超级符号，创造独属于雅茶的品牌视觉识别体系，强化新品牌理念——大雅之茶，方是好茶。

盒立方 · 厦门

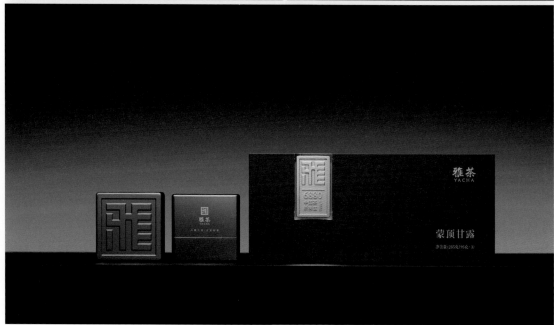

创意总监　包一达
设计总监　陈锟
设计　　　彭紫晖

双陈老金标

盒立方助力双陈品牌，利用随身必需品理念打造老金标年份标样茶，大小如同钱包，茶饼小巧，免去撬茶烦恼，半透水晶盒时尚百搭，满足更多年轻人对茶叶的需求。

盒立方 · 厦门

231

创意总监　包一达
插画　　　彭紫晖
设计　　　林丽煌

小提茶 小金条 [1]

盒子灵感源自可增值的金条，与白茶的升值属性相类似。内袋主打"更小方片，更加方便"，再一次定义焖杯 2g 茶，随身便携，完美匹配出行场景。

白大师 闷享乐 [2]

结合品牌推行的"闷茶"理念和近年大热的"陈皮配茶"概念，在包装设计上使用竖线勾勒出一个简洁、雅致的闷茶壶，而壶中央镶嵌陈皮的年份标记，进一步彰显了这款茶的独特品质。

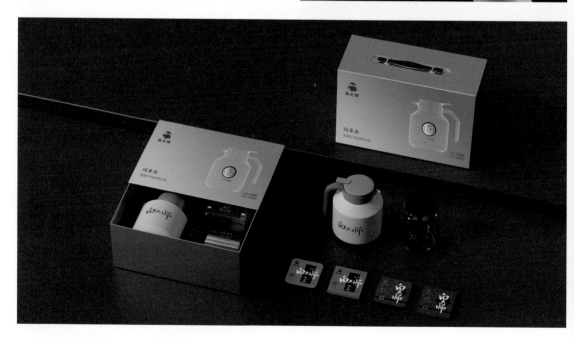

1	创意总监	包一达		2	创意总监	包一达
	设计总监	陈锟			设计总监	李海龙
	设计	吴梦臻			设计	陈顺荣

丹心可鉴 1

丹心可鉴的核心是沈丹，以其独特气质和形象打造出素雅真诚的特征设计。品牌以"人货场"理念为基础，提供了多种盒型，可组合选择，同时视觉重心使用 logo 来展现四大核心理念，彰显品牌价值观。

康来颜 金砖白茶 2

以色彩和盒型从内至外强化金砖概念。内盒使用人民币防伪纹为灵感创作底纹和电雕字，赋予防伪功能与低调奢华的整体调性。

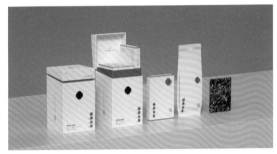

盒立方・厦门

1 创意总监　包一达
　设计总监　林丽煌
　设计　　　官青青

2 创意总监　包一达
　设计总监　李海龙
　设计　　　官青青

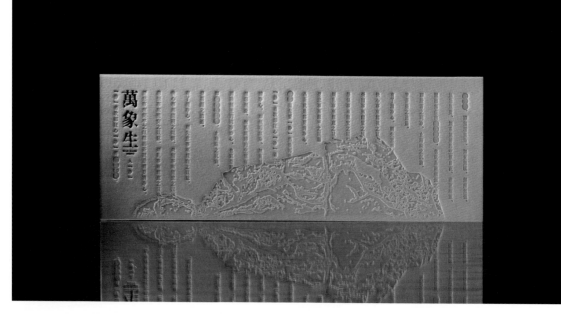

万象生 - 悟道禅茶

禅茶一味，用心遇见。一生二，二生三，三生万象，是形容茶的口感层层变化。岩石质感的材质朴实无华，如混沌初开，正面"万象生"字体似静静躺在水中，泛起的涟漪，如悠悠茶香，慢慢蔓延开。礼盒正面以茶山的设计来表达敬畏自然之情，从自然到开悟，从不同的角度去思考、去观察，可以发现世界有着不一样的景象。

创意总监　沣

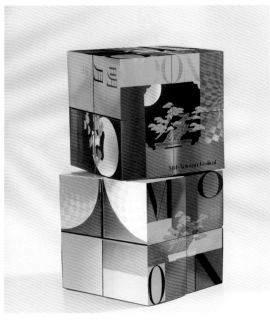

明月松间月饼礼盒

魔方礼盒。

创意总监　沣

夷叶茗丛 - 鹤魁

奏鹤笔一曲，魁首武夷岩。蓬莱云近绮疏明，鹤砌分茶午梦晴。"鹤魁"作为武夷山夷叶茗丛茶业品牌的高端款茶礼，沿用了品牌的夷叶蓝和武夷山水的版画插画，同时提炼了仙鹤作为包装的顶面刀版图案和内盒的主体设计。标牌则使用了香槟金属牌作为中文符号载体。彰显了夷叶茗丛茶礼的精致感和文化感。

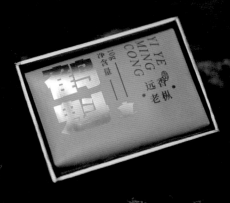

IFPD潘艺夫全案设计团队

用文化 IP 塑造品类第一

文化 IP 是亿万人民在不同地域生活中被筛选出来的结晶，这些结晶就是宝贵的文化资产，而产品包装便是品牌文化资产的最好输出口。

我们在既重视美学输出的同时也要切合市场消费，作出重要的前端策略及后端的营销部署，形成品牌 360 度海陆空品牌战略，既要美，又要实用、实际。能够成为国民品牌的产品，最后都要真正走到老百姓的生活当中去。内外兼修的品牌才有可能走得更长远、更有价值。

—— 潘艺夫

夷叶茗丛 - 乾坤

乾坤是对事物发展规律的全息诠释，是整体视角演示正反两种路径，对各方面引导发生的变化。

"乾坤"作为夷叶茗丛茶业的最高端款，以胡桃木为基材，以乾坤符号为包装主体，将武夷山水激光刻印于盒面。金属标牌大气简约，凸显古井老枞的岩韵怀古，内盒以卡纸及灰板为基础材料。木盒在外出使用时可以倒过来形成茶叶干泡台，循环使用，便捷美观。

潘艺夫设计 · 福州／上海

沙畹茶业 - 沙煌

沙煌作为沙畹茶业古代丝路系列的首款"敦煌站"，以飞天下凡作为该品类主视觉，突出 CHAVANNES 法语烫金标识，全系列产品以品牌标准色沙畹紫及流沙金作为主体，以海路和陆路两个图标作为辅助以及该品类的插画封套作为该品牌茶业的包装。

IFPD潘艺夫全案设计团队

赋燕 燕窝

赋燕燕窝包装，灵感来源于唐朝各国朝贡，取自为珍奇宝物赋上众多美好的寓意。提炼文化中的传承、佳人、珍馐、玉盏来对应四只燕子，将其作为包装主视觉。内装八碗燕窝，包装分为上下两层。延展中式印章形式的六面体为配料糖包。整款包装通过色彩、材质、工艺和开启的仪式感，向用户传达品牌质感。

千域设计·泉州

239

创意总监　林爽
设计　曾燕梅
摄影　阿远

和颜悦色 燕窝

和颜悦色，盏动燕舞，滋养如天空般纯净，给生活一份惬意的宁静。采用动态画面设计，包装打开的过程便是燕子从杯盏中飞向天空的过程，如滋养入口般的欢愉、纯粹、清澈。

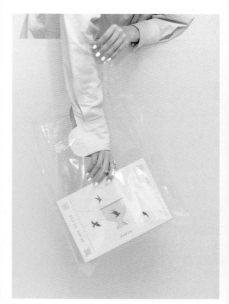

创意总监　　林爽
设计　　　　曾燕梅
摄影　　　　阿远

明月叁仟中秋礼盒

一轮月，叁仟思。岁岁复年年，今
夕是团圆。明月叁仟借助黑白版画
形式讲述着关于月亮的故事。目光
所及，皆为月的诗篇。"叁仟"不仅指
代着家家户户和月的众多传说，还
意味着中秋佳节礼数之不尽以及对
美好的祝愿。

创意总监　林爽
设计　　　段瑞敏
摄影　　　阿远

绿雪芽岚（福鼎白茶）

以新派东方美学焕发品牌活力。通
过书法字形中的飞白笔触，构筑潇
洒雄浑的别样气质。形似山岚的云
雾，与底纹交相应和，再次阐明主题。
本包装也是传统茶品牌在新消费趋
势下的大胆创新。

梵茶计·福鼎

242

艺术总监　宋洋
设计执行　贾瑞
3D执行　舒超
文案执行　栖迟

正山堂 正山小种 

正山堂作为正山小种的始创品牌，本次想要打造一款能够翻阅红茶历史、溯源红茶本真的产品。设计以正山小种所蕴含的东西方文化为灵感，选取中国古典青瓷花纹，结合西方史册的设计风格，通过正山小种发源地石碑、桐木关标识和书籍扉页中众多的场景插画，将红茶400年间的跌宕起伏向消费者娓娓道来，让消费者在使用产品的同时体验文化的魅力。

瑞泉十二代（武夷岩茶）

以瑞泉延续百年的品牌色彩"瑞泉黄"，结合东方古典的黑白水墨画与脚下这片延绵不断的武夷山水，以及瑞泉300年间的故事脉络，勾勒出一幅"十二代"的山水意境图，也向武夷情怀致敬。

梵茶计·福鼎

243

<table>
<tr><td>1</td><td>艺术总监</td><td>宋洋</td><td>2</td><td>艺术总监</td><td>宋洋</td></tr>
<tr><td></td><td>设计执行</td><td>贾瑞</td><td></td><td>设计执行</td><td>贾瑞</td></tr>
<tr><td></td><td>3D执行</td><td>舒超</td><td></td><td>3D执行</td><td>舒超</td></tr>
<tr><td></td><td>插画执行</td><td>马辰宸</td><td></td><td>插画执行</td><td>李瑶</td></tr>
<tr><td></td><td>文案执行</td><td>栖迟</td><td></td><td>文案执行</td><td>栖迟</td></tr>
</table>

在消费市场不断升级的今天，人们更加追求个性化，品牌就更需要不断挖掘任何一个可能打动消费者的因素。人们往往因为情感而购买，又因为逻辑使购买行为合理化。

而这一切都源于人性在千百年来从未改变，只有表面的东西在改变，我们若能洞察人性，用设计去表达、去感动消费者，做出颠覆常规、让人一见钟情的设计，才有可能成为有效的设计，为品牌和产品创造更大的价值。

叁布品牌设计不仅仅注重视觉上的美感，更重视品牌的情感表达和个性化塑造，叁布始终以" 做有情感的设计"为目标，对生活和设计充满热情，享受每次创作带来的快乐。

——叁布品牌设计创始人 / 首席设计师 张进

金龙泉言值纯生啤酒 ❶

设计师打破常规啤酒偏欧式的设计习惯，用手写书法表现最地道的方言文化，同时画出湖北具有代表性的建筑群和水系（湖北有千湖之省的美誉）及人物和消费场景，融入更多烟火气息和时尚元素，形成一幅" 江湖湖北"画卷。让人们在饮酒的同时和瓶身上的方言元素对话，让产品与消费者产生互动，拉近距离。

金龙泉啤酒 - 扎啤 ❷

使用版画表现品牌匠人精神，插图灵感来自 1978 年的金龙泉酒厂旧址中的双龙雕塑，以此形成品牌独有的视觉符号。插图中还包含啤酒花、麦穗、木酒桶、啤酒、水源地漳河水库等元素，产品最大的特色" 鲜"和含有" 锶元素"(Sr) 的水源分别以图标的形式显示在包装正面，以突出产品的卖点。

❶ ❷ 叁布设计团队

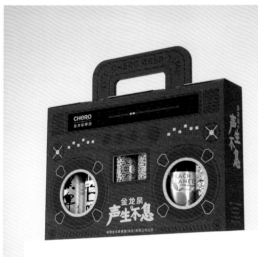

青岛啤酒 - 清爽9° 1

这是一款兼顾品牌和地方文化的包装设计。标签左侧突出品牌名称；右侧用湖北具有代表性的"黄鹤楼"来展现地方特色，加上祥云、鹤元素，让整个画面更具灵动性，同时突出产品卖点"9°"，有效促进销售。

金龙泉啤酒 - 伴手礼盒 3

设计师利用 20 世纪 80 年代流行的录音机为创意原型，打造出一款体现品牌沉淀感的伴手礼盒。三个孔洞更直观地展现礼盒中的产品。

朱西西五虎临门点心礼盒 2

2022 年是农历虎年，设计师利用"虎"和"福"相近的读音，用五虎表达"五福临门"，撞色的设计让礼盒既传统，又新潮。盒子里有一张老虎图线稿，消费者可以与家人、朋友一起给老虎涂色，增强情感互动。

黄鹤楼樱花饼 4

设计师巧妙地用黄鹤楼楼体剪影作为包装盒的卡口，既有特色，又环保，包装上的手绘樱花以及"鹤"元素，既美观有灵性，又突出产品特色。

245

1 2 3 4 叁布设计团队

市场在经历过疫情洗礼后，产品迭代速度明显加快，设计从"怕消费者接受不了"到费尽心机地出圈，也迫使我们从学习和总结规则转变为打破规则。在此过程中，能够消除偏见，不无端猜测，充满好奇与求知欲，注重实际感受，拥有初学者的姿态，是件了不起的事情。

2023 年也是生成式人工智能 AIGC（Artificial Intelligence Generated Content）元年，根据阿玛拉定律——"人们高估科技短期效益，低估长期影响"来看，AI 技术带来的颠覆性结果短期内无法预见，但"奇点"会加速到来，AI 创新能力将超越人类，唯一无法超越的可能就是情感，这也迫使我们将设计带回生活的本质。

—— 璞梵团队

璞梵创意·武汉

帕竹冰酒 3716 1

这是一款来自西藏超高海拔的冰酒，葡萄园坐落在西藏山南市桑日县雅鲁藏布江河谷，海拔 3508 米至 3716 米。设计灵感来源于从卫星地图上俯瞰当地的山脉与雅鲁藏布江，与葡萄叶子的茎脉恰有几分相似，也像一朵盛开的冰花，中心是帕竹酒庄的位置。礼盒内部采用藏族唐卡艺术的绘画方式，勾勒出一幅葡萄园生机勃勃的丰收画卷。

我爱汉水湿地之城系列 2

人、动物、自然共融共生的武汉城市生活方式，为团队提供了充分灵感。以插画形式，让四种濒危动物成为"超级主角"并将其与中国传统的象纹、祥云纹结合在设计画面的背景中，希望通过我爱汉水湿地系列关注濒危生物，展示魅力武汉的水韵形象。

1 创意总监	张彦辉		2 创意总监	张彦辉
执行设计	Joy		执行设计	郑欣
插画	Joy		插画	王诗洁
3D渲染	旋风		3D渲染	旋风

帕竹冰纯 3716 ❶

设计灵感来源于象征西藏本源的色彩和独特的藏式建筑元素。选取吉祥图案作为视觉符号,酒标设计上采用葡萄藤和高原上的精灵藏马鹿、黑颈鹤围绕在吉祥结四周。外盒设计灵感来源于西藏雍布拉康宫殿,将冰纯的盒子做成碉房的形状,还原藏式建筑中具有特色的白墙和赭色边玛墙,以及宫殿才会使用的石黄色墙面。

上海贵酒 16 代兔年限定 ❷

提取乾隆年间建造的圆明园海晏堂兔首铜像元素为主视觉,在纹饰色彩图案中暗藏古代风水五行文化"金木水火土"玄机,引发消费者思考解谜。外包装盒的设计将中西艺术的形式美放大,采用天地盖结构,盒面中间的醒目兔首采用浮雕与线条结合,兔耳如同展翅双翼,谐音"大展宏图",表达蒸蒸日上的新年祝福。

璞梵创意 · 武汉

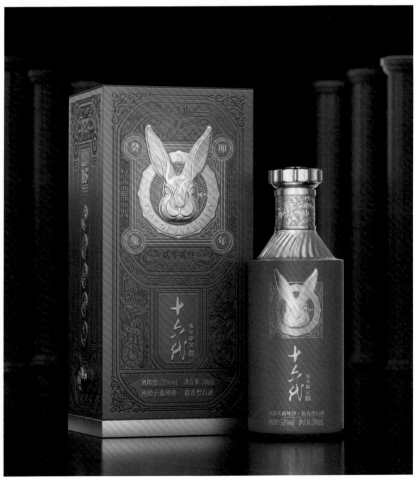

❶	创意总监	张彦辉
	执行设计	Joy
	插画	Joy
	3D渲染	旋风

❷	创意总监	张彦辉
	执行设计	张欣桐
	插画	张欣桐
	3D渲染	旋风

嘻螺会肥汁螺蛳粉 1

以醒狮文化承载嘻螺会肥汁螺蛳粉的"广西基因"与"香港特色"，突破大众对螺蛳粉的传统认知，在融合与创新中展现多元中华文化。在外包装的设计上，采用港风的排布方式结合卖点，橙红与蓝色的搭配，在终端陈列上更为醒目且有"喜庆"的氛围。同时，"嘻狮"的大嘴和产品实物的照片结合，既展现了产品本身的食欲感，又体现了"狮子大开口"的满足感和互动感。"醒狮"除了产品的包装，还应用于产品的陈列道具、赠品的设计，比如抱枕、钥匙扣、服装、背包等衍生产品，丰富产品陈列和后期促销的展示效果。

璞梵创意·武汉

陶小牛虾片 2

陶小牛化身冲浪达人，换装夸张的墨镜、黑色套装，配上银色项链，虾片与墨鱼片为"甲板"，既形象地展示年轻人在互联网"冲浪"的流行梗，又巧妙地融入产品图，打破传统食品包装的沉闷感。

未来属于年轻人，在刻意讨好和保持距离的选择之外，璞梵选择深入年轻用户，理解年轻人的诉求，触达年轻人敏锐的内心世界，让陶小牛得以千禧世代的身份，融入年轻人的生活，与他们共同成长。

1 创意总监　张彦辉
　执行设计　郑欣 陈倩
　插画　　　王诗洁
　3D渲染　　旋风 王凯

2 创意总监　张彦辉
　执行设计　郑欣
　插画　　　郑欣
　3D模型　　王凯
　3D渲染　　旋风 王凯

当 AI 在人们还不了解的时候就开始普及，当意外接踵而至，唯一不变的是未知的变化。如今，时代的不确定让消费者的需求更着眼于自身，这也成就了广维突破与重塑的设计理念：突破设计为产品服务的原点，重塑设计以消费者为本的价值观。

理性创意：广维坚持创意是解决消费者的问题，以对消费者需求的洞察领导策略，再以策略贯穿创意始终，掌控品牌战略方向，以更高维度的理性创意赋魂品牌，落地于经营。

感性设计：广维坚持设计以消费者为导向，填补消费者的情感缺口，全局式塑造高识别度与强差异化的视觉内容，占领消费者认知，建立设计与品牌的强相关，并将人性化设计细节发挥到极致，用感性设计将品牌打造为消费者的情感出口，最终形成品牌信仰。

—— 主理人 周杨

笨耕 - 兴凯湖大米

包装灵感来源于耕牛，将看似笨拙，实则执着的品牌性格实体化，在原有亚麻包装上增加"牛耳"设计，并将封口加宽，既增加大米罐装率，又可以反复利用：当作手提袋，或填充成玩偶。贯彻环保的品牌主张，增强趣味性与用户互动感。

广维创意设计·哈尔滨

广维创意设计团队

物归物野兽系列蓝莓酒

以三组不同内容的系列插画做品类区分，强调野性的包装调性，彰显酒后释放天性，还原真我的产品主张。外包装采用 EPE 可再利用材质，对瓶体起到缓冲保护作用，展开后可拼贴成防潮垫，或组装成杂物盒，为产品增添功能性。

广维创意设计·哈尔滨

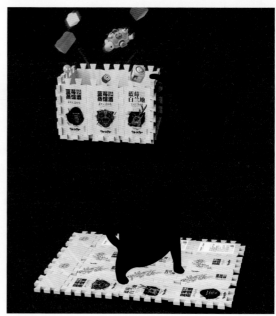

250

广维创意设计团队

农夫日记女神杂粮粥

每个月那几天就像经历了一场旅行。产品外盒采用旅行包的形式，内袋设计采用一捧花束的造型。直观表达产品属性的同时，彰显品牌的关怀主张：特殊时期的爱从不是多喝热水，而是让温暖与陪伴比狼狈更早来到。是知道你能独当一面，仍想照顾你生活的方方面面。即便生活是柴米油盐，也愿你过出自己的浪漫。

广维创意设计团队

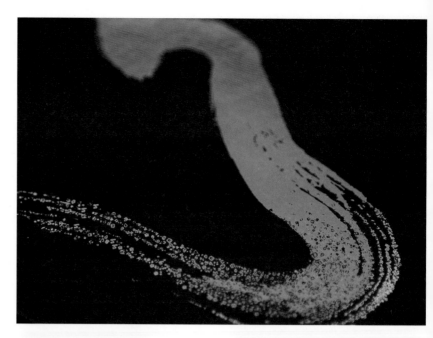

白岩白茶

白岩白茶包装图案"一笔山水",结合古朴雅致的书法笔触展示了西乡县白岩山轮廓,采用多种"白"字正负形作为局部笔触,体现质朴的茶叶、深沉的茶香,意蕴深远,令人回味无穷。以"绿水青山,白岩白"作为广告语也呼应了当下建立生态文明的新理念。

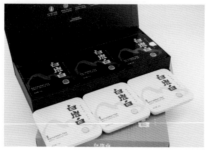

茯满贯 茯茶

茯满贯取自"福满贯"。福：求福、纳福、惜福，有祝福的文化 IP 属性。满：满意、满足、满面春风，有达到之意。贯：贯通、贯钱，贝之贯也，每一千个钱币为一贯。设计采用传统文化中的福罐作为创作主体，福文化源自中国民俗文化，结合象征满贯的财文化。寄托人们对于幸福生活的向往，表达对美好未来的祝愿。

立木斤设计 · 西安

后疫情时代，国内从行业到品牌、从市场到销售群体或多或少地存在着碎片化、内卷、焦虑等情况，但种种表象之下仍脱离不了消费需求的多样化和市场发展的多元化。对于企业品牌来讲，"聚焦价值成本，设计创新"是当下及未来所必须要解决的关键问题。

价值层面：未来势必会"相较于功能需求而言，场景体验及情感精神价值会逐步被放大"，且会越来越多样和细分，聚焦核心优势刻不容缓。

成本层面：不只是品牌方投入资源消耗的多寡，而是从记忆认知、吸引消费、体验成本和自发传播、推广等环节的有效性的综合衡量。

品牌包装设计作为体现价值联结消费的重要一环，既是品牌形象的一部分，又是产品开发的表象呈现，新的体验、新的情感精神赋予品牌活力，方可应对商业变化和市场机遇。

—— 创意总监 高鹏

老磨农酸奶果粒燕麦片 1

立足消费认知，兼顾产品终端展示，用创意与设计再现产品创新的优势，设计品牌整体视觉系统及产品包装，以低成本的产品包装为概念价值载体，服务开发单一品牌多系列产品包装设计。

卡拉宝能量风味饮料 2

解决功能饮料国家地域的不同行业标准与规则问题，用创意与设计重新界定和传达行业品类，重塑全球品牌 logo 形象，对国际品牌本土化形象系统设计升级，服务开发新产品整体包装设计。

1 创意总监　高鹏
　设计师　　高鹏
　插画师　　袁箐　刘少芳　高鹏
　效果呈现　高鹏

2 创意总监　高鹏
　设计师　　高鹏
　插画师　　袁箐　何畅竑
　　　　　　周亚琼　李君
　效果呈现　高鹏　何畅竑

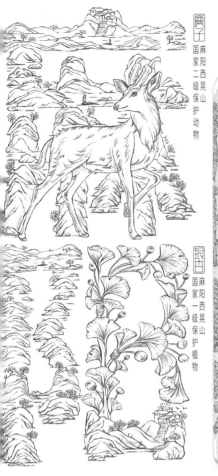

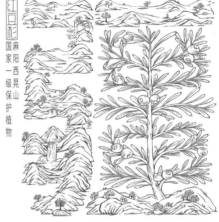

麋子 国家麻阳西晃山二级保护动物

黑叶猴 国家麻阳西晃山一级保护动物

银杏 国家麻阳西晃山一级保护植物

红豆杉 国家麻阳西晃山一级保护植物

天然饮用水

锦江泉

净含量 480ml

锦江泉天然饮用水 1

回归品牌独特的地域优势，以认知成本最低的文字为载体，将广告语作为视觉元素，再现"寿乡寿山"的自然生态文明，凸显品牌及产品核心价值。

漫步猫

坚果乳植物蛋白饮料

11+坚果

漫步猫坚果乳植物蛋白饮料 2

包装依据品牌优势，设定拟人化 IP 形象及场景角色，解决多种产品原材料视觉呈现识别混乱的难题。凸显品牌消费价值，于方寸之间融合品牌 IP，塑造规划品牌整体包装设计系统。

高鹏设计团队 · 西安

255

1 创意总监　高鹏
　设计师　　高鹏　周亚琼
　插画师　　袁箐　何畅竑
　　　　　　周亚琼　李君　高鹏
　效果呈现　高鹏

2 创意总监　高鹏
　设计师　　高鹏
　插画师　　高鹏
　效果呈现　高鹏

老磨农代餐粉

化妆品创意互动包装 2

打破产品包装设计印刷画面限制，
当消费者打开产品包装时，原材料
以光栅动画形式依次呈现，有趣的
互动形式增强品牌记忆度，激发消
费者参与宣传的欲望。

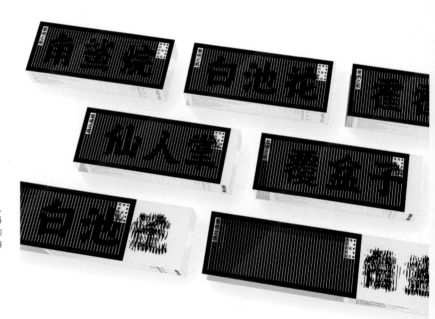

1 创意总监　高鹏
　　设计师　高鹏 周亚琼
　　插画师　袁菁 何畅竑 高鹏
　　效果呈现　高鹏

2 创意总监　高鹏
　　设计师　高鹏
　　效果呈现　高鹏

麦芯饺子粉 新疆 小麦粉
MAI XIN JIAO ZI FEN

严选天山北坡优质冬小麦
提取小麦中芯胚乳精制而成
粉质晶莹、耐蒸煮、不破皮
适合家庭制作饺子等蒸煮类面食制品
净含量:1kg

雪花粉 新疆 小麦粉
XUE HUA FEN

严选天山北坡优质冬小麦
本色原味
自然麦香
适合家庭用于制作各种面食
净含量:1kg

仓麦园特产面粉 ❶

回归并传达产品"我之所以是我的原因",以代表性人物及自然地域地理特征突出特产本身的地域文化属性及价值,解决品牌及产品从地域到全国的布局规划。

仓麦园高端特产面粉 ❷

采用认知成本最低的地域简称文字为传达识别符号,并在文字中融入独特地域自然元素,凸显品牌及产品价值属性。

高鹏设计团队·西安

257

❶ 创意总监　高鹏
　 设计师　　高鹏
　 字体设计　周亚琼
　 插画师　　徐燕梁　高鹏

❷ 创意总监　高鹏
　 设计师　　高鹏
　 字体设计　周亚琼
　 插画师　　高鹏　李蓉　徐燕梁

户里黄酒 **2**

黄酒的发源地在陕西省户县，距今四千多年历史。创意者将古代酿酒的场景用户县农民画表现出来，酒瓶用仰韶文化代表——人头形器口彩陶瓶为原型，打造出户里黄酒四千年文化底蕴的系列设计，能二次利用的酒瓶让设计更有意义。

WFC 葡萄酒 **1**

中国秦岭是濒危动物"朱鹮"自然种群出现的地方。该产品的酿酒厂也位于这个地区。在这样的背景下，创作者用"朱鹮"作为这款酒的主角，呼吁人们保护濒危野生动物。

一个好的设计是能解决问题的设计。现在的中国市场，充斥着各种各样的产品，每年都会增加几万个新品。

在互联网的时代，产品的包装不仅是为了保护与展示产品的工具，还是产品信息传达的广告位，好的产品包装能让消费者第一眼就发现产品并且激发他们的购买欲。

所以包装设计师要考虑的不是比谁的设计好看，而是谁的设计能降低营销成本。

—— 总监 石宝玲

1 创意指导　石宝玲
　设计师　　乔桥

2 创意指导　石宝玲
　设计师　　乔桥　万锦乐

可比克 1

适逢兔年来临之际，三足鸟汲取传统文化精髓，以"兔"元素为灵感，为可比克开创生肖新玩法，将视觉包装与文化寓意融合，演绎出别具一格的互动体验。

深圳航空餐盒 2

这是一款可循环使用的深圳航空餐盒设计，其灵感来自中国古代贵族使用的漆木食盒，并用国家级非物质文化遗产——苏绣完成盒面图案。整个盒子没有使用胶水，而是采用特殊的折纸折叠成型，减少对环境造成的负担。

1 2 创意指导　石宝玲
　　　设计师　石宝玲

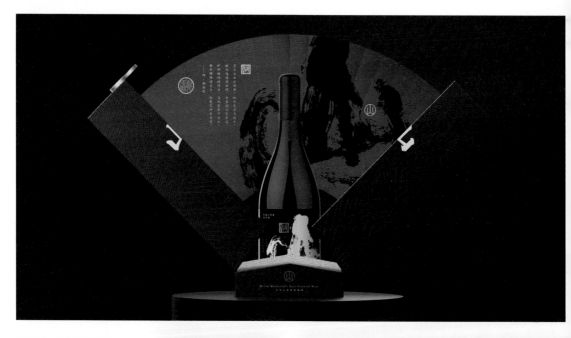

原歌酒庄 山川岩系列葡萄酒

酒标及包装设计以现代中式风格为主，用现代毛笔字来展现山川岩的感觉；用现代中国风的版式和丰富元素，使系列设计高度统一，在充满高级质感的同时给人简约朴实的感觉。其中鹿的印章来源于酒庄内部的砖雕，也是酒庄的一种图腾象征。三款酒以黑、白、灰配红、金的色系形成系列。

创意总监　邢龙
客户经理　党军
商业书法　路万代
摄影　　　尹绍华

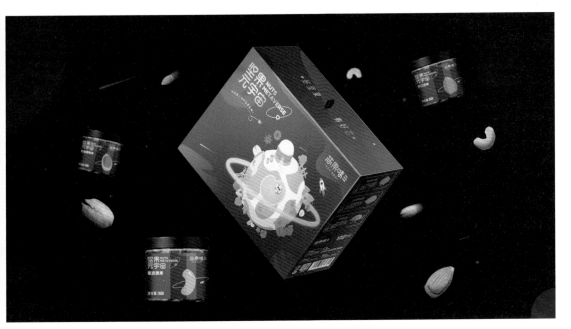

邢者一直认为优秀的设计师或者设计团队是能帮助一个企业或者一个品牌省钱的，为品牌增值，为企业减负，是邢者作为乙方专业团队服务品牌的宗旨。

商业环境下的设计一定是从商业角度出发，解决问题的同时能更好地变现。设计是门艺术，但设计师不是艺术家，不能落地的设计永远都是设计师的"自嗨"，能帮助甲方把控专业范围内的事情才是设计师的职责。

—— 设计总监 邢龙

芯果味 坚果礼盒

芯果味是宁夏本土坚果行业的新品牌，品牌主打罐装及礼盒产品，定位人群是 25 ～ 45 岁的青年白领阶层，消费场景是年货礼品。团队从品牌调研到品牌策略再到包装创意落地，为品牌提出了"好吃好玩又有趣"的品牌理念，高品质好坚果的品牌定位。广告语是"好坚果，有好芯"。品牌包装为 6 罐装的坚果元宇宙和 8 罐装的坚果怪兽屋。

创意总监　　邢龙
客户　　　　宁夏芯果味食品
插画　　　　姚玥　李浩然
设计　　　　姚玥　李浩然
摄影　　　　邢龙

商业化设计不同于纯艺术的表达，设计的表意是视觉规划，深层价值是解决问题的过程，通过专业的设计角度展开创造性思维，挖掘商业潜力，在品牌、产品、消费者之间建立视觉情感联结，这个过程中迸发出的价值要高于设计本身。

—— 总监 包立华

昆享 乐享每嗑

插画内容围绕葵花子、南瓜子这两类食材展开。以艳丽茂盛的葵花生长图与圆润结实的南瓜藤图来区分内部产品。丰富饱满的插画，烘托出产品"知世俗而不世俗"的雅韵。

力莱包装设计·内蒙古

262

创意总监　　包立华
设计执行　　郝丽琛
插画　　　　涛日浓
渲染　　　　续磊

草原红太阳 淀粉系列

利用包装颜值决定了品牌第一印象的概念，为产品注入竞争源动力。以产品原材料为切入点，用插画方式进行展现，生动的画面和高饱和度的色彩运用都让包装美感更上档次，也区别于市场同类型产品，为产品收获更多关注。

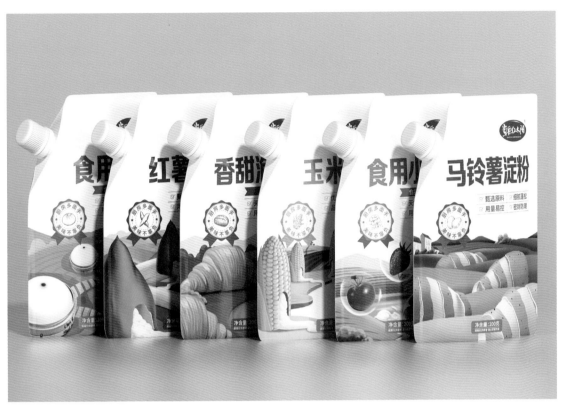

力莱包装设计·内蒙古

创意总监　包立华
设计执行　郝丽琛
插画　　　涛日浓
渲染　　　续磊

苏立德 风干牛肉

以版画为切入点，给苏立德品牌赋予内涵，让其成为一种民族文化象征。当地人的生活场景、地域风情、礼仪风俗都可在其他产品中延伸，持续巩固社会文化形象与品牌地位，与消费者建立牢固的信赖关系。

创意总监　包立华
渲染　　　续磊

后疫情时代，经济逐步恢复，品牌方也逐渐重拾信心，但面对还在复苏阶段的市场，大家依旧很谨慎，优孚品牌也将面对多重任务，从以往单纯的品牌形象服务提升到和甲方共同解决更多品牌问题。从之前的设计趋势建议到趋近品牌全案服务；从市场趋势及产品创新建议到消费场景及趋势洞察；从品牌形象服务到产品落地跟踪，以更多角度更全面地服务品牌与消费者。

在创意方面，更多深入挖掘本土文化，建立各个品牌具有差异化的核心竞争力，帮助品牌以独特差异化在竞争市场的红海中脱颖而出，最终与消费者产生情感联结，从而创造价值。

—— 创意总监 亚力坤·外力

西域果园每日坚果

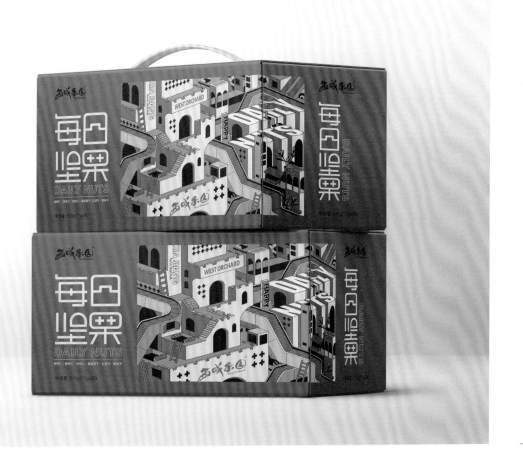

优孚品牌（UFObranding）·乌鲁木齐／上海

265

创意总监　亚力坤·外力
插画　　　古兰拜尔·艾斯开尔
设计　　　古兰拜尔·艾斯开尔
　　　　　亚力坤·外力

班超浓香型白酒 1

创意源自班超军假司马印，新疆出土的"汉归义羌长印"及东汉"军假司马"铜印等，结合西域历史文化的印记，提炼出印章独有的方正之形，将西域英雄班超出征图与"勇士出征壮行酒"的概念做结合，将酿酒、售卖、宴饮、出征送行的纹样进行原创手绘，通过玉质浮雕的形式将纹样与瓶型结合起来，表达汉代英雄班超正气、英勇的人物形象。

"百万玫瑰"葡萄酒 2

产品名称取材自一个真实的爱情故事：19 世纪旅居法国的格鲁吉亚画家尼科·皮罗斯·马尼什维里迷恋上一位巴黎女演员。为了博得美人芳心，他变卖所有家产，买下一百万朵玫瑰花送给心上人。但心上人当夜就坐火车离开了，只留下了一贫如洗的画家和一百万朵玫瑰花。包装上的插画用画家独特的原始主义画风描绘了一个幻想中的圆满结局。

1 创意总监	亚力坤·外力	
插画	古兰拜尔·艾斯开尔	
设计	亚力坤·外力	
	古兰拜尔·艾斯开尔	

2 创意总监	亚力坤·外力	
插画	赵哲希	
设计	亚力坤·外力	
摄影	古兰拜尔·艾斯开尔	

融耀河谷黄芩蜂蜜礼盒

优孚品牌（UFObranding）·乌鲁木齐／上海

267

创意总监　亚力坤·外力
插画　　　赵哲希　古兰拜尔·艾斯开尔
设计　　　亚力坤·外力

没有销量，再好的设计也没有价值

我们的观点：能卖货才是硬道理
我们的方法：品牌策划×视觉设计=制造畅销品牌
我们的服务：制定品牌营销策略>根据策略创意设计>品牌
推广产品落地
我们的不同：策略制胜，设计赋能

—— 力郡品牌策划

弥醍酸奶系列

把milk的字母m作为基础，将牛角和
牛尾融合在一起，用简洁的方式来
体现无添加酸奶的产品特性。

创意总监　马俊卿
设计　姚玉兰

张金道蜂蜜系列

将"醇真是金·坚守是道"的广告语与
采蜂场景相结合，以体现三代采蜂
人传承匠心的精神。

创意总监　马俊卿
插画　　　傅淳强
设计　　　姚玉兰

随着商品数量的不断增加，品牌的马太效应正在进一步扩大，包装是品牌与消费者之间最为明确的触点之一，在新的消费环境中，这一触点的本质意义也在发生变革。

不只货架竞争：无论在数字化营销环境还是线下实体售卖环境当中，以阵列感和颜色取得注意力已经成为竞争标配，在 0.2 秒有效争夺之后才是品牌与消费者真正的关系的开始。包装是否能在理性心智之外使消费者产生"感觉"决定了购买的可能性。在有限领域内重构品牌元素来最大化激发消费者的感性冲动，是目前品牌外化到包装的终极意义，从看到到感到是触点发挥化学效应的完整过程，0.2秒后的情绪战场也是目前卫高团队在完成包装设计时追求的使命。

不只爆品取胜：从单品包装到品牌符号也是目前包装设计所必须直视的课题，在品效合一的营销背景下，产品先于品牌与消费者产生关联，一款爆品是否能联结其他产品进入消费者心智，是一个需要在爆品打造时前置的系统性工作。包装设计包含了爆品基因的后续挖掘，品牌符号包装改造以及品牌情绪在具体消费场景中的刻意外延和激发。

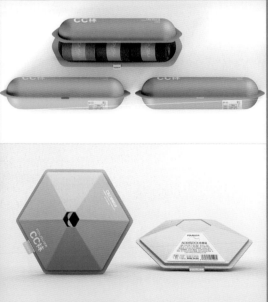

不只单向联络：泛媒体下碎片化达到极致后，取代搜索电商的兴趣电商以及更加立体的直播也开启了包装设计新的进程。当下的包装设计需要适配新的销售模式，要让产品本身具备可讲性与故事性，包装内容折叠化与包装设计简洁化同时发生。

—— 首席创意官 辛高卫

FOUSU 肤素 CC 袜

CC 袜提炼出 C&C 碳棉科技技术，聚焦袜子黑科技概念，采用纸塑环保材质，通过打造"胶囊袜""飞碟袜"等包装体现产品科技感，关联社交场景，使其成为对接年轻人的潮流单品。

卫高创意（VEIKAO）·济南／北京

创意总监　　辛高卫
策略总监　　安立亮
设计总监　　崔鹏
策划文案/AE　步柠玥
执行创意　　刘曰荣

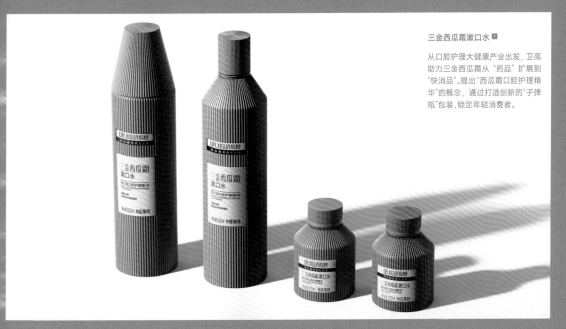

三金西瓜霜漱口水 ①

从口腔护理大健康产业出发，卫高助力三金西瓜霜从"药品"扩展到"快消品"，提出"西瓜霜口腔护理精华"的概念，通过打造创新的"子弹瓶"包装，锁定年轻消费者。

克拉古斯帽子面 ②

帽子面根据方便速食产品的特点，创造性地将帽子造型和鸳鸯火锅的创意相结合，趣味十足又方便食用，在行业内开创了帽子产品新形态，真正让产品成为IP。

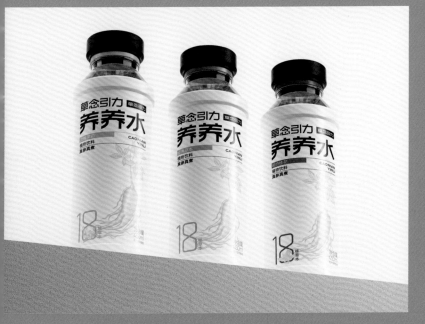

养养水植物饮料 ③

开创"养养水"赛道，打造具有东方草本智慧的轻养生植物饮料，包装上"别熬、别躺、别躁"的插画极具创意地展现了年轻人的生活状态，拿捏年轻人快乐养生的诉求。

卫高创意（VEIKAO）·济南／北京

271

① 创意总监	辛高卫
策略总监	安立亮
设计总监	崔鹏
策划文案/AE	步柠玥
执行创意	乔枫棋

② 创意总监	辛高卫
策划文案/AE	吴呈呈
执行创意	刘臼荣 周太乙
插画	耿文博

③ 创意总监	辛高卫
策略总监	安立亮
策划文案/AE	孙晓艳
执行创意	孙文君 乔枫棋 边晶
插画	安毅敏 王玉茹

禾素时代 抗菌袜

卫高创意为"禾素时代"确定了"专注无添加绿色抗菌"的战略定位。为了贯穿落实这一战略,视觉表达"环保""无添加无残留""安全"的理念,从而锁定了"青蛙卫士"的形象。通过"抗菌蛙"这一超级符号的塑造,成功将禾素时代的品牌理念及认知锁定放大,形成消费共振。

嚼绊酸奶 1+N & 大嚼绊

打破酸奶传统包装形式,打造年轻人更喜欢的花式谷物盖酸奶,借用"超大杯"创新包装,提炼出"1+N"概念,用包装特征直接强关联产品核心利益,让产品成为品牌最好的识别。面对市场上的跟进产品,将嚼绊产品升级为"大嚼绊",继续保持销量的迅速提升,引领品类升级。

臻藏升运猛犸牙雕

卫高创意以"升运"赋予臻藏猛犸牙雕独特的精神价值,确立其品牌调性;将"升运"的精神价值视觉可视化、符号化,挑选"蝙蝠、神鹿、仙鹤、喜鹊、鱼"五种中国传统动物;分别代表"福禄寿喜财",将这五种动物符号化、图腾化,与猛犸的典型形象相结合,形成了臻藏猛犸独特的品牌符号。

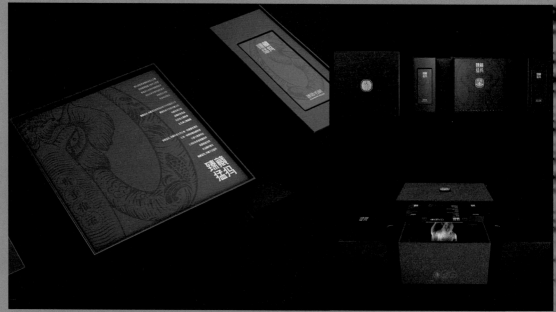

1 创意总监	辛高卫	**2** 创意总监	辛高卫	**3** 创意总监	辛高卫
策略总监	安立亮	策略总监	安立亮	策略总监	安立亮
设计总监	崔鹏	设计总监	崔鹏	设计总监	崔鹏
策划文案/AE	吴星星	策划文案/AE	马文倩	策划文案/AE	吴星星
执行创意	刘日荣 周太乙	执行创意	王宝	执行创意	刘日荣
插画	耿文博	插画	安毅敏	插画	王玉茹

绿岭火猴烤核桃 1

开创并占领"烤核桃"品类，创新提出广告语"好吃的关键在于掌握火候"，超级符号锁定"火猴"，通过品类、价值、形象三方清晰表述，实现绿岭火猴烤核桃的品牌战略识别，让消费者产生强大的记忆识别。

森舍 科学宠养 自然宠爱 2

科学养宠时代来临，卫高创意为森舍构建生态品牌调性，凝练为"生态·科学·宠爱"的品牌理念。产品包装通过"森林绿"体现原生态的品牌调性，包装画面上的森小汪和舍小喵处在若隐若现的森林中，整体包装风格自然高端。

烩道 用食材调味食材 3

卫高创意为烩道进行了"用食材调味食材"的战略定位升级。将产品中的典型食材进行视觉夸张，强调产品食材的本来特色，从而让消费者产生视觉共振，同时通过包装文字直白口语化的表达，引发消费者的体验联想，激发购买欲望。

273

1	创意总监	辛高卫
	策略总监	安立亮
	设计总监	崔鹏
	策划文案/AE	吴呈呈
	执行创意	刘臼荣
	插画	王玉茹

2	创意总监	辛高卫
	策略总监	安立亮
	设计总监	崔鹏
	执行创意	沈宁波 乔枫棋
	策划文案/AE	孙晓艳
	插画	安毅敏

3	创意总监	辛高卫
	策略总监	安立亮
	设计总监	崔鹏
	执行创意	徐学政
	策划文案/AE	步柠玥
	插画	王玉茹

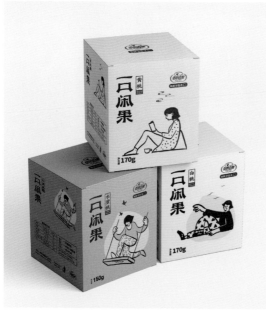

一口闲果 爆汁桃条

"闲"这个字，是指逍遥自在、闲云野鹤的一种生活状态。随着社会的快速发展，沏一壶茶，捧一本书，远眺发呆，吹风听浪……这种休闲自在的生活方式，竟成为这个快时代的"奢侈品"。

一口闲果爆汁桃条，从命名到包装，围绕"闲"的意境展开设计。系列包装色彩上选用与单品呼应的配色。用插画表现散淡的生活场景，呼应"闲"的主题。

主创设计　位玉洁
字体设计　李奕霏

众山顺 草莓礼盒 ❶

品牌方的草莓是颜色从白到深红五个不同的品种，设计上就需要一款通用的包装来兼容品种差异，降低包材成本。

设计主元素设定了一个金草莓的概念，既兼容了五个品种的颜色，又能体现草莓品质。同时主元素的金属感与草莓的香甜口感形成认知冲击，提升了包装的视觉张力。

裹万象 卤味系列 ❷

产品是针对线上销售的预制卤味。包装用年轻化的视觉语言对传统卤味展开设计。将产品原材料符号化作为视觉中心，搭配"万般富贵"的主题文案及相关元素，飞机盒的包装形式便于运输，设计整体时尚有趣。

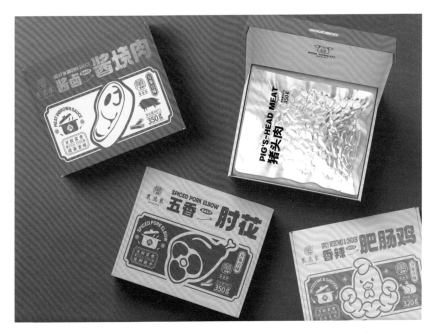

275

❶ 主创设计　位玉洁

❷ 主创设计　位玉洁
　字体设计　李奕霏

我们一直把纸盒结构视为
纸盒包装灵魂之所在。一
只合格的纸盒包装，可以
没有华丽的装潢，但必须
要有适合产品的结构设计。

纸盒结构不仅要满足保护
产品、安全运输的功能要
求，而且要让一只盒子的
造型充满无限可能。如果
在此基础上，再附以精美
的装潢设计，那这一定是
一款可以热卖的产品。

摆脱千篇一律的同质化纸
盒包装，不断进行结构创
新。这，就是我们一直专
注在纸盒结构领域的原因。

—— 和氏璧设计

和
氏
璧
设
计
·
青
岛

清荷香月 中秋月饼礼盒系列

本系列包装散发着国风气息。设计
以大八角八粒装礼盒为主，内部由
八只八边螺旋盖小盒环绕一圈，宛
若八朵盛放的红花，巧妙合理地利
用空间。外盒造型源自古代官帽，
寓意美好，同时斜三角结构使盒子
承重能力大幅提升。最后红色腰封
采用宫灯造型，烫印上精美的《清
荷香月》图，一款象征中秋幸福团
圆的国风礼盒便呈现眼前。本系列
礼盒的定制客户多为五星级酒店、
高端烘焙店等。

丁振 独立创作

中秋六角蛋黄酥礼盒

本款包装已是第三代产品，这次换代设计最重要的创新是：六边螺旋鹰喙底。六边形的礼盒可以容纳六粒蛋黄酥，六片叶托似水中荷花。盒底设计运用仿生学，吸取鹰喙独有的倒钩特点，将底部牢牢锁扣住，同时免去胶合，更安全、环保。包装选材为原浆进口牛皮卡纸，仅使用模切工艺，简单但精良，重点在于纸盒包装结构设计的大胆创新。

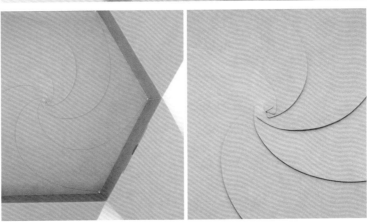

和氏璧设计·青岛

277

丁振 独立创作

商业设计的最终本质是服务于品牌建设、营销传播和产品销售，这里面涵盖了品牌识别、产品设计、包装设计、传播设计等，以终为始，好的商业设计注定要基于专业和深度的市场调研，然后精准定位、明晰需求、洞察机会，为品牌制定差异化和具有竞争力的设计解决方案。

市场环境风云莫测，唯一不变的是变化，从产品到品牌，从品牌设计到营销传播，以进化应对变化是品牌保持持久竞争力的核心策略。

在激烈的竞争中，让设计为品牌赋能，成为品牌增长的重要驱动力，成功品牌的经验证明，好设计，真的很"卖力"。

—— 总监 陈麦

新希望 活润酸奶

新希望活润 & 小蓝联名款包装设计，结合活润产品定位和功能诉求，将年轻人喜爱的 IP 形象与打工人和职场结合，给包装植入社交属性，用趣味化和年轻化的设计语言与目标群体产生共情。此款包装设计深受年轻消费群体的喜爱，极大地助力了品牌的二次传播。

大鱼向上品牌设计·青岛

创意总监　陈麦
设计　　　小佳　辑林

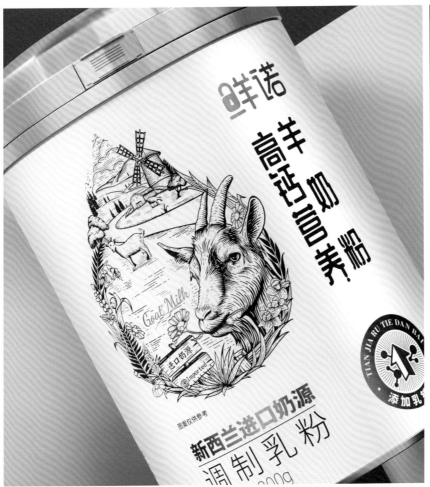

新希望 鲜诺奶粉 🔢

基于高端有机乳粉的产品定位，给消费者塑造直观的高端品质感，色彩呈现选择了蓝绿搭配白色金色，简约雅致，主视觉图案采用了精雕版画设计风格，由远及近将远山、森林、风车、河流、羊、奶牛、奶桶等元素巧妙自然地融合到一个奶滴中，传达品牌"什么样的环境孕育什么样的奶源"的产品理念。

奶酪计划 干酪酥酥零食包装 🔢

好的包装设计一定是好卖货的设计，其次才是一款好看的设计。基于干酪酥酥的产品定位和目标人群特征，在产品诉求与艺术表达之间做准确平衡，在保持对大品类准确感知的前提下做差异化设计，用年轻的设计语言和有食欲感的色彩搭配来传达产品价值，同时符合目标人群的审美喜好。

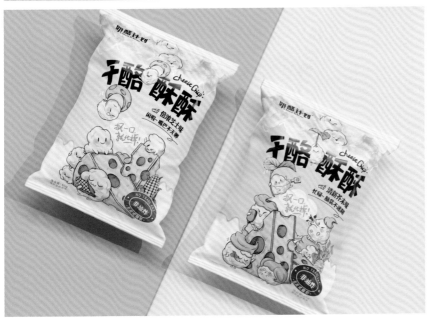

1 创意总监　陈麦
　设计　小佳　倩倩

2 创意总监　陈麦
　设计　小龙　春雨

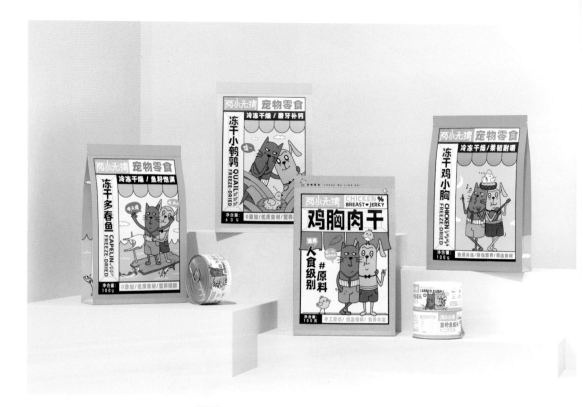

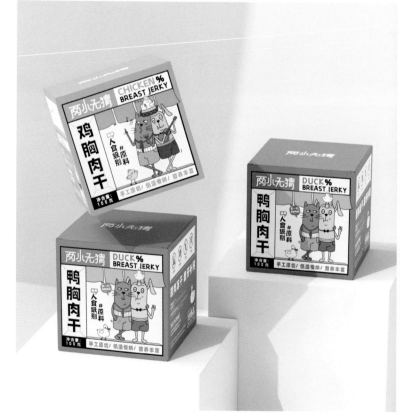

两小无猜 宠物食品包装

好的品牌设计让品牌从标识到 IP 形象到产品包装到营销传播连成一体，促成 1+1＞2 的化学反应，"两小无猜"的全案设计正是基于这个理念，以两个形影不离的好宠友为品牌角色，跟品牌建立直接联想，并赋予不同 IP 性格，狗憨憨＆猫贱贱。包装设计结合产品卖点用 IP 演绎趣味故事，从而实现产品价值和品牌传播的"双赢"。

创意总监　春雨
设计　　　小佳 辑林

天禄二号 陈皮柑茶包装 ⬛1

"天字号精灵"小青柑和新会老陈皮包装系列,考虑到包装延伸统一视觉的需要,采用精细版画的笔触勾勒来表现新会柑的生长形态,画面完美呈现出东方美学,完成了包装品牌视觉资产的提升。

壹沁润 翠玲珑新会陈皮 ⬛2

翠玲珑高硼硅礼盒,用整体黑色烫金来进行效果呈现。基于品牌系统化考虑,整合了产地文化与面向全国的思维来构思设计,以产地及国内代表地标为视觉元素,精心细致地描摹,以线条插画的风格呈现,让消费者通过品鉴领略地道陈皮之韵味。

泓达堂 金白柑白茶礼盒 ⬛3

泓达堂金白柑白茶需经历 3 年存储才能上市,经历了 3 个春秋酝酿出至醇至香的滋味,设计师将浓郁的柑香风味呈现在包装上,体现了"金白"醇厚悠长的韵味。

1 2 3 乘品牌创意设计团队

产品最终是要流通的，包装是为产品价值加码。后疫情经济时代已经来临，当下新一代的消费观念和全新的市场环境，加剧了企业的高速迭代，而精准定位，迅速感知市场的变化，不断进行升级，才能让品牌扩大流通，不被市场抛弃。

产品是品牌第一竞争力，而包装创意设计是决定产品在终端货架还是线上"货架"突围的核心利器，好的包装不仅是一个商品包装，而且是一个展示品牌独特价值的载体。好的包装不仅是解决产品的销售问题，而且是建立消费心智认知及品牌资产积累的过程。

设计的目的不仅是颜值的提升，而且是为了帮助品牌实现更大的商业价值。用创意为品牌创造有效的价值，用系统品牌方法为品牌导航。设计是用创新的思路重新定义品牌和品类，是实现弯道超车甚至改道超车的利器。

—— 乘品牌

和粤珍品 新会陈皮礼盒

这款主题"百鸟和鸣"的礼盒系列设计，画面以凤凰造型为主，搭配各种姿态围绕柑园在飞的小鸟，产生一种"锦绣家园"的空间联想，层次丰富，洋溢着一派祥和气氛，呈现出吉祥的东方美学。

乘品牌创意设计团队

新宝堂 陈皮和茶包装

陈皮 & 茶 + 东方美学，塑造陈皮的百搭感与健康感。创意以毛笔书法为主体，以简驭繁，设计师为产品定制了"和"字的专属风格，手写书法的质感给人以手作的温暖感，质朴的风格传递出"诚实"的感受联想。在表现轻松、便携的同时，又给人以舒适感。

和粤珍品 柑茶铁罐包装

包装以产地的新会小青柑元素为主体，小青柑时节，有花有果，鸟儿在歌唱，一派原生态的景象，包装采用了粉绿、粉黄色调，给人以清爽感。

兴科源 枸杞礼盒

这款红枸杞包装，以插画方式描绘饱满的红枸杞，有凤来仪，配以吉庆的中国红，更加喜气洋洋。腰封的搭配令礼盒整体更有档次。

1 2 3 乘品牌创意设计团队

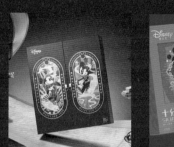

刚奇创变（CONZ）· 广州

对于产品来说，包装是品牌与用户沟通的第一媒介。但是，真正有价值的"沟通"，从来不是单向的信息传达，而是深层的心理影响。商业包装设计的发展，总是基于对消费者心理、市场和潮流趋势的分析，并与时代的经济、社会、文化以及市场环境的变化紧密相关。

通过包装这个第一媒介"捕获"用户的心，并最终促成购买，才是产品包装设计的主要目的。如何展现产品及品牌的价值可视化、返璞归真、旧物新造、文化价值影响、数字未来、智能互动等包装元素，是当代产品包装设计创作关键词，亦是反映近年来兴起的社会消费心理的某个切面。需要设计从业者不断地推敲重组、创新再造，周而复始，呈现出截然不同的时代特征和艺术审美。

因此，充分解读消费心理，以及它所指向的客观环境变化，结合品牌发展阶段，明辨出真正适合产品和品牌的包装策略，结合时代趋势的关键，才能打造出具有价值的创新包装设计。

—— 刚奇创变

DISNEY - 月饼／年货／茶叶礼盒 ❶

刚奇创变与佰司卓食品（迪士尼合作被授权商）战略性合作，共同打造迪士尼系列贺年茶点礼盒，以其形象独特、品质优良、包装精美、创意别致的产品优势打入礼品市场，佰司卓食品还是美国华特迪士尼公司的中秋月饼、茶叶、茶点礼盒、中式糕点的合作授权商，13 年时间里，打造出焕然一新、深受市场欢迎的迪士尼系列产品。

广州酒家 × 王者荣耀联名年货礼盒 ❷

刚奇创变受邀参与广州酒家 × 王者荣耀的新年礼盒包装设计项目，用 IP 形象结合传统新年节庆文化，并采用多层纸雕的包装设计形式呈现祥和美好的节庆氛围，打造出符合当代审美和 IP 文化的节庆产品包装。

284

❶ 品牌方　　迪士尼中国-佰司卓食品
　 创意总监　姚聪
　 策划总监　吴洽澄

❷ 品牌方　　广州酒家
　 创意总监　姚聪
　 创意策划　吴洽澄
　 创意设计　谭均朗　朱梦娇

欧包遇见茶 × 莲香楼联名月饼礼盒 **1**

陶陶居系列月饼礼盒 **2**

侨美酒家月饼礼盒 **3**

广州酒家 - 广州礼物手信礼盒 **4**

1 品牌方	欧包遇见茶	**2** 品牌方	陶陶居	**3** 品牌方	侨美酒家	**4** 品牌方	广州酒家
创意总监	姚聪	创意总监	姚聪	创意总监	姚聪	创意总监	姚聪
创意策划	吴洽澄	创意策划	吴洽澄	创意策划	吴洽澄	创意策划	吴洽澄
		创意设计	杨超	创意设计	谭均朗	创意设计	黄美芳
				创意插画	朱梦娇		

广州酒家系列端午礼盒

刚奇创变应客户发展之需，助力广州酒家实现端午粽子品牌包装形象升级。经过综合调研分析，刚奇创变决定借力广府文化符号，为广州酒家建立端午粽礼形象，传达粤文化与礼文化，巩固品牌文化资产。从企业自身独有的资源中去挖掘品牌基因与文化宗属。

286

品牌方　　广州酒家
创意总监　姚聪
创意策划　吴洽澄
创意设计　杨超

张珍记 - 端午粽子礼盒 **1**

希尔顿酒店 - 端午粽子礼盒 **2**

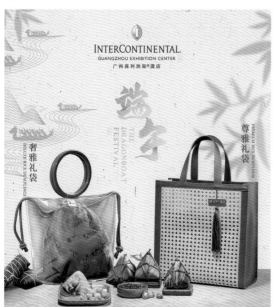

保利洲际酒店 - 端午粽子礼盒 **3**

贡润祥 - 金瓜茶膏礼盒 **4**

1 品牌方	张珍记	**2** 品牌方	希尔顿酒店	**3** 品牌方	保利洲际酒店	**4** 品牌方	贡润祥
创意总监	姚聪	创意总监	姚聪	创意总监	姚聪	创意总监	姚聪
创意策划	吴洽澄	创意策划	吴洽澄	创意策划	吴洽澄	创意策划	吴洽澄
				创意设计	杨超		

天问作为品牌策略公司，13 个百亿级企业的幕后思考者，除了关心产品的设计，更把"文化 + 产品"作为两条腿，如果这两个事情做不好，就没有独特的价值。

持续 5 年为超 1 亿"粉丝"的李子柒打造品牌形象和全案服务，爆款柳州螺蛳粉累积销售超过 10 亿多份，故宫苏造酱 1 小时卖 5 万份；鲜女 4 年开店超 3000 家。负责打造 2019 年送给 70 个国家领导人的礼物，2020 年送给重要领导人的天安门月饼，这期间都是遵循一个理念：商品的艺术化，艺术的商品化。

如果一家公司做的东西没有味道，然后还不好卖，其实在商业上对客户的帮助不大。品牌的好卖比获奖更重要，因为获奖其实是乙方的成功，好卖才是甲方的成功。

天问认为爆款是大众审美和情绪的公约数，文化母体是关键。

各种营销背后的本质是：我在这个品牌面前感觉宾至如归，我看到它，我感觉很亲切，很有安全感，这种其实就像回到了一个"文化的母体"。

每一个东西，只要经过了历史的选择、时间的沉淀、群体的记忆，其实都有文化的价值。选对了文化母体，就等于代言了一个群体习惯和背后的商业价值。

一个品牌如果没有文化，就没有未来。没有文化的品牌，它可能在某一个阶段里很新奇，但是它不会有"根基"。产品必须凸显这种文化。

一个品牌的创建其实是基于 42 个模块的整体性思维，是以品牌竞争为出发点，到温度、到产品的终极体验，一以贯之，就有了强大的感召力。

—— 李智勇

天问品牌管理机构·广州

铂燕鲜泡燕窝

铂燕提炼"金丝燕"为品牌核心元素，创新采用口红管造型的内包装，比传统燕窝节省了 80% 的空间，抽屉式的造型，便携环保，可以轻松带上飞机。短短一年多，得到超过 1000 万人的喜爱。

天问品牌管理机构创意小组

李子柒"暗香俑动"螺蛳粉 1

隽手国家宝藏打造，引入"兵马俑"为核心视觉元素，创作上实现了"出土感 + 文化感 + 趣味性"三位一体，累计热销超 300 万份。

李子柒嫦娥奔月礼盒 2

李子柒红油面皮 3

天问品牌管理机构·广州

1 2 3 天问品牌管理机构创意小组

魂之草幸斛中国礼盒

霍山石斛是流传 2000 多年的中国名贵食材。三层漆盒层叠设计节省空间，方中带圆，古朴典雅。顶上金属小鸟作为提手，小鸟是当地标志性的动物。用完产品之后，礼盒还可以作为首饰盒重复使用。

魂之草霍山石斛晶粉 ②

魂之草霍斛寸金 ③

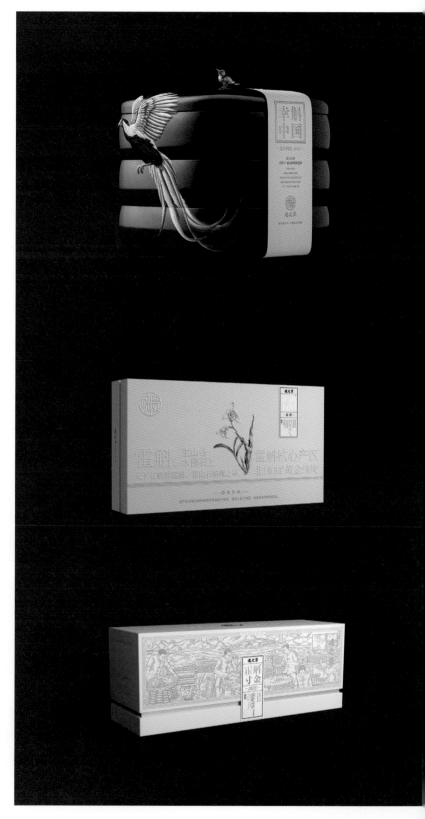

①②③ 天问品牌管理机构创意小组

天问品牌管理机构·广州

参敬堂 1

参敬堂黑人参，设计借鉴传统的漆画工艺，以黑为主传递高端价值。去掉过多的产品信息，将整支人参图案置于盒面，无须开盖，直接宣示产品属性。

李子柒梅兰竹菊月饼 2

梅兰竹菊代表了一种品格和精神追求。以此为题材，结合现代剪纸艺术的手法，多重翻转的开启方式，持续给人以惊喜，仪式感十足。

天问品牌管理机构·广州

1 2 天问品牌管理机构创意小组

蓝吉茶业 - 红茶包装

茶在西方被称为"东方神秘树叶"。蓝吉茶业委托严选设计一款通过 CCTV "国货出海"在欧洲市场销售的红茶，设计师对中西方饮茶习惯进行深入研究后，从选品、包装材质到喝茶场景进行设计分析。包装主形象用超级符号"茶壶"以插画形式表现，圆形的礼盒更具东方韵味，同时考虑到中国早期出口铁盒红茶的印象，使用了铁质礼盒。包装插画展现了云南的高山古树，同时融入了采茶、制茶场景和孔雀、长臂猿等动物与自然共生的画面，用 3D 浮雕工艺栩栩如生地展示出来，营造浓厚的品茶氛围。这款包装在市场上获得了不错的效果。

创意总监	严楚州
客户经理	格格
设计	梁怀东
工艺表现	周坤武
插画	黄道绪
摄影	口水视觉

金砂红 - 红茶包装

产地丹霞山是世界自然遗产丹霞地貌所在地，丹霞地貌主要发育于侏罗纪至第三纪的水平或缓倾的红色地层中。亿年前的丹霞"沧海桑田"式的地质传奇，体现了金砂红的原生态产品理念，礼盒形状结合品牌"金"六边形符号，形成品牌超级符号，并与茶类竞品形成明显的差异。系列包装根据一年之中采摘时间的不同，划分为头采、红韵、心喜三款，礼

盒内采用一包一泡的小包装，方便快捷。得益于得天独厚的地理环境，金砂红富含微量元素，口感醇厚顺滑，香气独特。

293

创意总监　严楚州
客户经理　刘美媛
设计　　　严楚州　林锡川
工艺表现　陈英晓
插画　　　黄道绪
效果表现　郝当军

九龙山酒业 - 千嶂 [1]

酒类营销，离不开文化的策划。文化是人群为生存对环境作出的适应方式，文化定义本身就是告诉我们文化是生活方式的选择。文化营销的力量来自消费人群对于社会文化中所包含的生活方式与价值观念的共性认同，通过与顾客在精神层面产生"共鸣"，激发出顾客对特定情境的认可或者记忆，从而获得消费群体对于企业品牌与核心产品的深度认同与持续消费。

纵观酒类每个品牌，都有自己的文化。茅台从国酒文化到倡导健康文化，五粮液彰显儒家和谐的中庸文化，习酒以君子文化为统领，江南春代表海纳百川的西蜀文化。酒是文化的品类，文化营销与酒应该是相辅相成的关系。酒文化本质上是消费文化，是建立在消费观念上的一种行为，实际上很多消费者的认知中，还没有达到真正的品牌消费意识和文化意识的水平，仅仅是在顺势跟风而已。

对于白酒行业来说，研究古代的历史文化再多，脱离了现代生活其实都将变得毫无意义，在这种同质化、空洞化、古董化的营销环境中，白酒企业更需要与当代主流的社会主义、人情价值观对接，抓住时代的潮流，才能让品牌跟得上步伐，才能不被时代所抛弃。通过更深入地理解消费者，以消费者所认同的价值诉求激发其共鸣，以更加人性化的方式适应甚至引领顾客需求的变化。

—— 首席创意总监 李作

黔酒股份 - 千秋韵 [2]

[1] 出品方 九龙山酒业 / 策划 文道 / 创意总监 李作 / 客户经理 温燕玲 / 美术 黎海进 CC
[2] 出品方 黔酒股份 / 策划 文道 / 创意总监 李作 / 客户经理 温燕玲 / 美术 黎海进

镖族酒业 - 镖皇 **1**

君丰酒业 - 永黔 **2**

295

	出品方	镖族酒业		出品方	君丰酒业
1	策划	文道	**2**	策划	文道
	创意总监	李作		创意总监	李作
	客户经理	温燕玲		客户经理	温燕玲
	美术	黎海进 Lio		美术	黎海进

随着全球化浪潮和新消费的升级，不同的品牌争相换新升级。如何更好地抓取每个品牌不同阶段的问题，建立更有策略的视觉体系，助力更多消费品构建卓越的品牌是TUSHI 创办的初心与愿景。

构建卓越品牌的基础模型，第一是关于品牌愿景的梳理；第二是对市场环境与自身优劣势的分析；第三是对用户的洞察、对竞争对手的分析、对目标对象的分析；第四是基于前面的洞察提炼品牌价值主张。围绕品牌理念、定位、价值主张，展开一系列的品牌视觉形象塑造与升级，助力品牌做进一步的有效传播。

作为品牌设计师，应该具备全面综合的能力，不仅仅是个会操作软件的技术员。与其说设计能力，不如是说对事物的理解力。这个理解力也是共情力，来自对生活的热爱，对从古至今不同文化脉络的理解，才能传承与推陈出新。品牌设计师应该充满想象力、洞察力，具备专业执行能力的同时，时刻保持好奇心并严格追求细节。

—— 林孔仔 Con Lin

CHALI 茶里虎年礼盒

CHALI 茶里 2022 年新年瑞虎锦盒以瑞虎纳福作为主视觉画面，取"Full =虎 = 福 = 富"的美好寓意，与盒身完美融合；什锦盒玩法有趣：转动圆盘出现对应的年俗画图案（腊月二十七至大年初九），增加互动性和趣味性。奶茶棒 = BANG BANG = 鞭炮声，两个奶茶棒将鞭炮和虎尾造型巧妙结合，充满喜庆与欢乐气息，营造十足的新春氛围。

创意总监 梁小笛 林孔仔
平面执行 谢志鹏 陈晓岚 黄薇

CHALI 茶里中秋礼盒

TUSHI 为茶里设计了一款以广东潮汕文化为灵感的潮风茶韵主题中秋礼盒。"潮风"既是中国风,亦是潮汕民俗风采;"茶韵"是茶汤的色泽、香气、滋味、气韵,称作"茶汤四相"。对"茶汤四相"的感受称作茶韵,表达茶里的专业高度。包装创意题材均取自潮汕中秋民俗,游园会、逛花灯、喝工夫茶、凉亭赏月、听潮剧,感受浓厚的中国文化。

TUSHI DESIGN · 广州

创意总监　梁小笛　林孔仔
平面执行　林灿　禹火勺　安星宇

如乐派醒醒瓶

如乐派致力做一款健康又好喝的提神功能饮料。品牌色"态度蓝"表达产品功效的权威感，线条如蜗牛前进的轨迹，将自由随性、充满想象力的插画元素串联起来，使画面更加具有弹性和张力，表达提神产品的动感。画面充满阳光，就像蜗牛在一个缤纷有趣的世界里畅游，传达了产品轻松自在、积极向上的生活态度。

创意总监　梁小笛　林孔仔
平面执行　谢志鹏　黄薇　陈晓岚

企鹅走路铝罐系列

企鹅走路致力于打造国民级的 0 糖
0 脂预调鸡尾酒品牌。TUSHI 在包装
设计上强化企鹅走路的品牌符号，
加强了品牌辨识度，让消费者第一
眼先看到企鹅，记住企鹅。工艺上
大面积露出铝罐原本的金属色，突
出本身材质特色，并配以明快、饱
和度高的纯色块，用扁平化图形符
号做口味的分类，简单易懂的分类
方式方便日后产品品类的延展。

创意总监　梁小笛　林孔仔
平面执行　谢志鹏　黄薇

MIGUO 觅菓

在包装上用巧思立足高端，觅菓三大礼盒设计采用传统中国红与迟暮紫，配合璀璨金点缀，向上的正三角形形似饱满坚果，皮质搭扣给予开盒一定的仪式感，内含品鉴手册和开壳器，将体验感拉满。

汤臣杰逊品牌新策略·广州／杭州

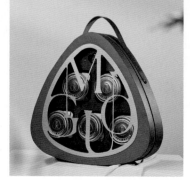

汤臣杰逊品牌新策略团队

由于中国的民营企业起步较晚，大部分企业谈不上有正规的品牌系统和管理，因此汤臣杰逊创业的初心是希望解决这个问题，以优质的内容生产和传播，精准的定位和落地，打造优质的中国品牌。

消费时代、消费渠道、消费方式、消费人群都在发生巨变，此时，提升品牌力和内容力刻不容缓。

企业如何制定一个有效的战略，瞄准市场盲点，选择自己合适的赛道入局，赢取绝对话语权？这就需要建立品牌自身的护城河，取得各阶段胜利，打造超级爆品，传递品牌势能，完善品牌价值链路，深谙未来品牌机会点挖掘之道。

—— 刘威

亲宝宝纸尿裤

设计聚焦产品容量和品质，结合亲肤性与婴童特性，联想至云中的蓝色鲸鱼，运用舒缓蓝色营造轻薄透气感，将产品价值以最简单的方式渗入人心。

汤臣杰逊品牌新策略团队

F.SHARE 飞享家

结合产品"无糖"的第一特性和所针对的消费人群，从儿童视角出发，打造小恐龙包装形象，微笑的粉色恐龙和镂空的口腔设计，契合品牌"快乐吃糖"的追求，同时传递出倍护口腔的愿景。

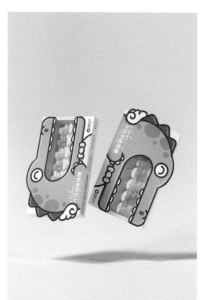

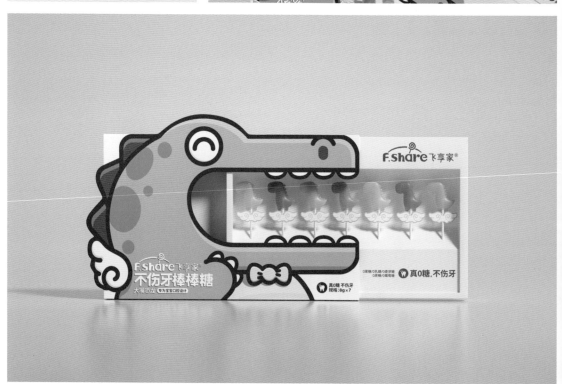

汤臣杰逊品牌新策略团队

海狸先生

将IP与产品进行深度绑定，包装主视
觉由IP海狸、鳕鱼小圆片和鳕鱼肉
片构成，使用户在想起萌趣可爱的海狸
时，就会联系起海洋蛋白零食。品牌
主色调以蓝色为主，简约清新，使人
联想到海味零食轻负担。

汤臣杰逊品牌新策略团队

圣牧有机纯牛奶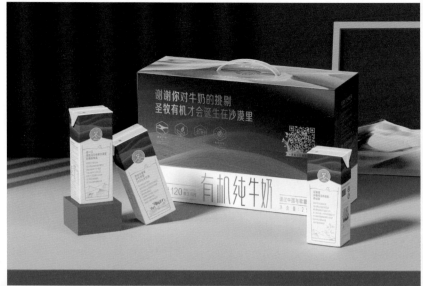

包装根据消费者的阅读流程做了巧妙
的设计。首先，礼盒上方的"沙漠"激发
消费者对产品的好奇心。其次，打开盖
子，让消费者感受到"沙漠"变成"绿洲"
的惊喜，牧场上看似年轮的同心圆轨
迹，清晰地讲述着"真有机，看得见"的
品牌故事，向消费者传递"圣牧有机卖
的不仅仅是有机纯牛奶，更是将沙漠
变绿洲背后11年的执拗与坚持"的理
念，加深消费者对圣牧有机品牌的信
任度和认同感。

燕塘牛奶中秋包装 ☑

这是燕塘新广州鲜牛奶、老广州酸奶与北京路联名中秋版包装设计。整套设计
以水彩画风为基调，通过结合中秋元素（玉兔、嫦娥、灯笼）体现广州味道，"新"、
"老"概念的关联与碰撞从广州特色建筑中提取，新广州鲜牛奶以广州塔为代表，
将鲜牛奶中的"鲜"与广州塔的"新"呼应。老广州酸奶则以北京路的铜壶滴
漏以及千年古道遗址为代表，将酸奶口感上的"醇厚"与老广州的"老"相呼应。
鲜艳的水彩插画在货架上吸引消费者目光，用文化情感联结消费者，传达更健
康的生活方式。

1 设计总监　刘登栋
　美术指导　林巧晓　余超
　文案　　　黄丹丹　伍咏慈
　插画设计　石凌姿
　3D设计　　宁彪

2 美术指导　王柏威
　设计副总监　陈坚潮
　插画设计　彭诗铭
　3D设计　　刘育豪

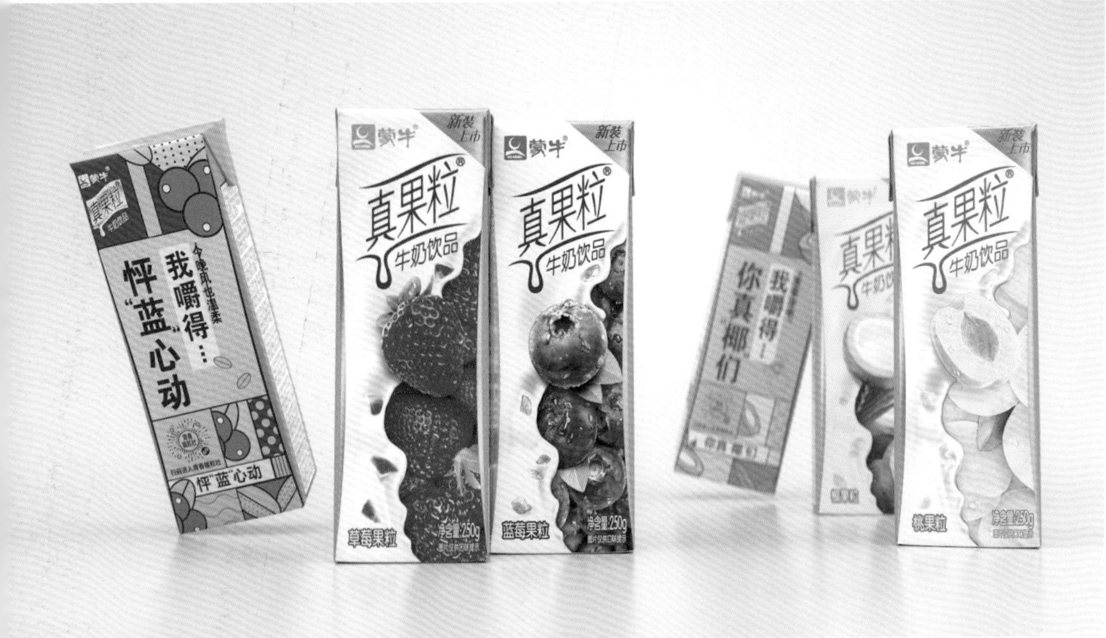

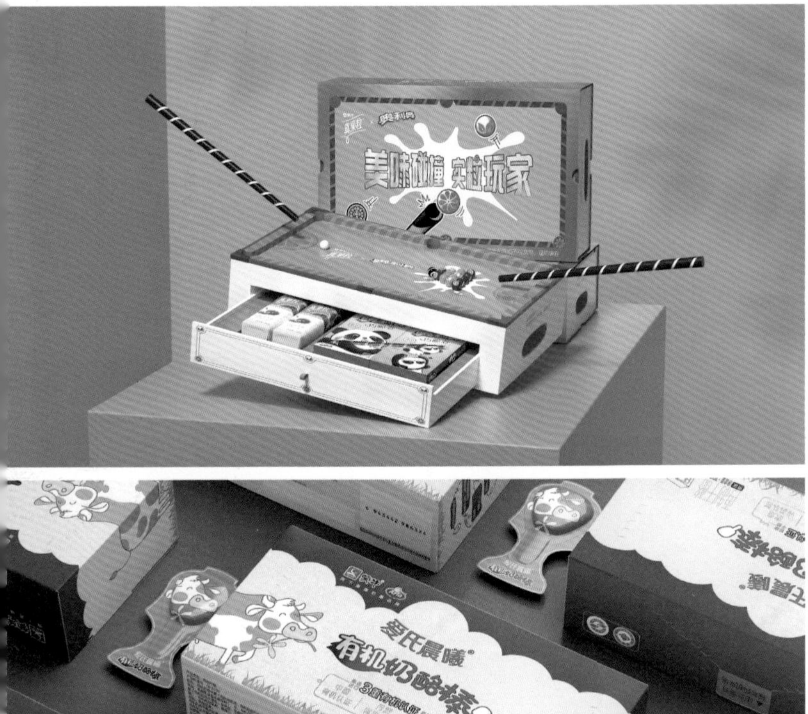

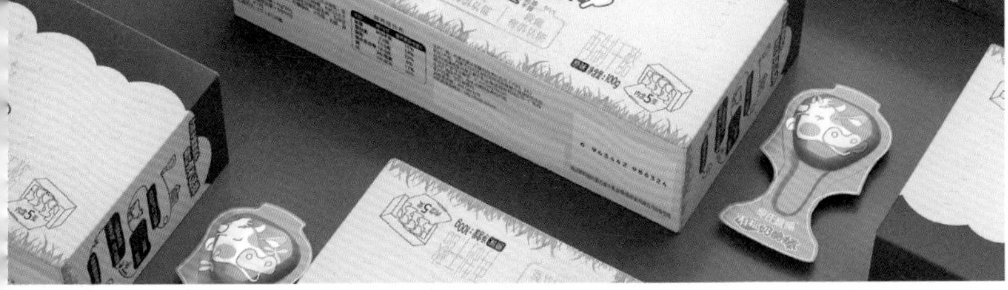

真果粒牛奶饮品 1

包装设计延续盒型“腰线”视觉锤，通过真实水果与牛奶结合的画面，强调产品属性，增强食欲感。背面结合“真爱感嚼”主题设计了 6 款与口味相关的谐音广告语，将年轻人“真性情，敢于表达”的特性呈现在包装背面。把产品属性的“真”与消费者情感诉求的“真”进行嫁接，跟年轻消费者产生共鸣，利于产品的传播。

真果粒 × 奥利奥联名礼盒 2

以桌球作为整体概念进行包装设计，将奥利奥脆卷作为球棍，果粒作为桌球，通过打桌球碰撞出奶的创意，巧妙地将奥利奥、果粒与牛奶三者关联起来。整个包装既可以用抽屉放置产品，也是一个桌球台。好吃又好玩，增强与消费者的互动。

蒙牛 爱氏晨曦有机奶酪棒 3

以趣味可爱的绿色画风凸显有机奶酪的品类属性，绿色的奶牛与云状版式形成独有的品牌识别。奶酪棒顶部撕开后会出现关于有机奶酪的生产历程图，增强包装的故事性，每根奶酪棒都有不同的奶牛表情和奶酪小知识问答题，增强包装的趣味性。

1 美术指导 王柏威
设计总监 刘登栋
设计副总监 陈坚潮
平面设计 张佳暖
文案 伍咏慈

2 设计总监 陈坚潮 王柏威
美术指导 谭雯予
3D设计 刘子军

3 设计总监 陈坚潮
平面设计 谭雯予
3D设计 刘子军

新养道 0 乳糖牛奶

① (左) 包装采用白色主色调突出品类属性，"0" 转折处由点的大小渐变体现牛奶通过 EHT 乳糖水解的过程，体现 "0" 符号的核心卖点。

② (右) 牛奶液体形成 "0" 的主视觉，凸显 0 乳糖产品属性，柔软的 "0" 符号传递对乳糖不耐人群的关怀，四周牛奶斑纹造型，进一步强调其牛奶属性。

王老吉刺梨酥吉祥礼盒 ③

包装以缤纷色彩结合简洁的刺梨造型凸显品类属性，食品与澳门建筑巧妙结合带来新颖的视觉识别。内外盒通过开窗设计凸显产品实物品种。

广州酒家 × 中国航天
中秋礼盒 ④

礼盒灵感源自人们仰望星空时对宇宙苍穹的渴望。礼盒开启，左右打开的装置让火箭升空的瞬间得以重现，设计既表现出对天空的憧憬，又致敬了伟大的航天人。

①	设计总监	陈坚潮 王柏威
	平面设计	谭雯予
	3D设计	刘子军

| ② | 美术指导 | 王柏威 |
| | 平面设计 | 朱铭佳 |

③	设计总监	陈坚潮 王柏威
	平面设计	李颖萍
	插画设计	彭诗铭
	3D设计	刘子军

④	设计总监	刘登栋
	平面设计	冯伟滔
	美术指导	余超
	3D设计	刘子军 宁彪

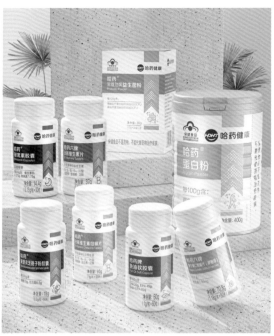

哈药健康 营养补充剂 ①

哈药健康高含量营养补充剂包装，设计源自医药超级符号"+"，将其衍变成高含量"标签"符号，打造一条具有攀升感的视觉锤，聚焦高含量特性。信息模块以云层设计由下而上铺开，强化向上视觉导向，突出画面张力。渐变质感渲染抽象化学式图标，以精致轻盈的视觉触达消费者内心。

立白 氨基酸泡沫洗洁精 ②

洗洁精从液态到绵密泡沫，产品形态随着消费者的需求在升级，新形态下产品也显得更加高端、更能彰显个性。包装上的特写泡沫就像一杯慕斯，直观地传递产品的温和感，绵密泡沫的精细化表现，以图像化传递立白氨基酸泡沫洗洁精呵护双手、温和清洁的功能卖点，彰显产品的安全性，建立消费者对产品的信任。

ABC 花型护理液 ③

包装设计通过结合旧包装的花型瓶身，设计出一个花苞状的瓶贴，基于产品的原料为重要卖点且作为需要向消费者传递的重要信息，用产品的原料元素营造的设计画面，向消费者传递"润养呵护"的产品概念。

①	设计总监	刘登栋	②	设计总监	刘登栋	③	设计总监	陈坚潮
	美术指导	林巧晓		美术指导	林巧晓		平面设计	谭雯予
	平面设计	黄金鹏		平面设计	冯伟滔		3D设计	刘子军
	3D设计	宁彪		3D设计	刘子军			

东鹏0糖特饮包装 1

这款能量型饮料的包装旨在强调产品含糖量为零的特点，因此数字"0"被醒目地放置在包装的视觉中心。环绕式的银色火焰元素传达轻盈感，具有明显的视觉对比度，进一步体现不含糖的健康配方。

东鹏由柑汁包装 2

瓶身应用莫兰迪绿的配色，跟油柑的绿色搭配出清爽清新的色彩层次感，强化油柑品类的同时迎合"大餐喝油柑"的场景提示。三颗油柑排列形成识别记忆，三个圆点连续排列形成超级花边，并且应用在瓶颈和纸箱上形成良好的货架视觉延伸感，连续的油柑符号呼应"油柑26颗"的核心卖点。

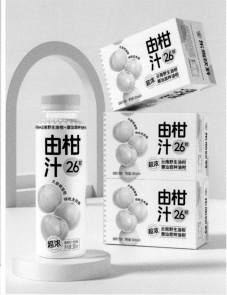

广州酒家×可口可乐 中秋礼盒 3

为把粤式饮食文化向更多地区和人群推广，这款2021年两大品牌联名礼盒设计，把广东俚语的文字进行拼接，替换成珠江夜游的城市夜景观赏路线。模拟人们中秋佳节与亲朋好友乘船看尽城市夜景，饮可口可乐，吃美味月饼的场景。

1	设计总监 陈坚潮	2	设计总监 陈坚潮	3	设计总监 邓伟聪
	3D设计 刘子军		平面设计 卢宜霖		创意总监 梁毅峰
			3D设计 刘育豪		美术指导 蔡成志

ONE里创意设计所秉承的理念是为品牌创造价值，通过视觉表现快速传达产品价值，以高审美的姿态赢得消费者的青睐。因此对于我们来说包装设计不单是好看和美，更多的是对品牌和产品的深度挖掘和分析，以及对消费群体的研究，找到适合品牌的风格和表达方式，再通过创新的设计，让产品自己讲话，从而为品牌和产品赋能，产生商业价值。

随着时代的变化，中国品牌逐渐回归中国文化，ONE里不断地寻找品牌自身与中国文化的深层联系，以及品牌的独特视觉表现力，在不同的作品中探索中国文化，这种表现不是照搬中国文化元素，而是挖掘文化精髓，通过当代审美手法创意式表达，让中国文化拥有全新的表现方式，让中国品牌真正拥有文化自信和文化价值。

—— ONE里创意设计

三十寻一味 兔年限定版白酒

此款产品是兔年限量版白酒。"兔"在中国既是生肖之一，也代表了美好的希望。传说中兔子是最早登上月宫的。在中国，人们常在扇面上绘画或书写以抒情达意，此包装将奔跑的兔子与扇面结合，构成设计主视觉，重构扇面艺术。器型以中国瓷器"梅瓶"为原型进行再设计，整个瓶身温润流畅，极具静态美。

ONE里创意设计·深圳

ONE里创意团队

八马茶业 君子雅集茶叶礼盒

"君子雅集"以茶喻人，以茶会君子。
以"君子相聚，雅集相会"为主题的茶
礼通过"梅兰竹菊"来表达中国人的感
物喻志。

ONE里创意团队

妙物宫廷 × 金燕耳 宫廷宴耳

妙物宫廷与金燕耳联合出品，以宫
廷女性的优雅生活为包装画面创作
来源，优雅轻奢的画面展现了宫廷
女性优雅的生活，从而表达"金燕耳"
银耳产品的高端品质。

311

ONE里创意团队

W-KID 稳健童鞋包装

整体视觉基于"天马行空的想象穿梭
于童话世界"的概念，运用色彩的强
烈对比，创造生动活泼的语义世界。
不同图案代表不同年龄段的鞋款，
成为品牌产品的通用包装，局部只
需要更换贴纸即可。贴纸的互动设
计可与消费群体建立良好的情感联
结，并为产品与品牌制造多元的社
交营销传播话题。

创意总监　孙伟
主创设计　孙伟
执行设计　孙伟　吴明然
客户　　　稳健医疗

中国已经进入品牌时代，每一个品牌都应具有不可取代的独立个性，唯有如此方能立足于市场并长久发展。

点一致力于研究东西方美学人文精神和国际化当代设计艺术语言交融平台的搭建，以"商业逻辑 + 创意美学 + 文化基因"为商业设计核心价值观。高品位、文化性、美学性、专属性、差异化是点一倡导的品牌设计主张，也是当今互联网中国产能过剩、消费升级、审美升级、文化更迭下传承东方人文精神，呈现国际当代美学并建立文化自信、品牌自强的终极价值诉求。

点一认为设计是一门科学，需要市场趋势学、人类心理学、消费行为学、文化美学、历史哲学等多门学科的知识融合；设计也是人生经验、体验集结后的总结。这是设计的价值，也是设计的独特之处。在大我退化的时代，利用这些独特的小我特质，反而能够吸引市场和客户购买。

—— 点一（DOTONE）品牌设计
创办人&创意总监
孙伟

点一品牌设计（DOTONE）·深圳

MOHANII 墨晗摩登城市香水

摩登城市系列香水，以品牌符号为核心要素，运用后现代审美和解构主义艺术语言作为表达形式。诠释当代独立女性的外在气质与内在品位，体现"她力量"的品牌魅力。

313

创意总监　　孙伟
主创设计　　孙伟
执行设计　　孙伟 吴明然
客户　　　　墨晗时尚

全球视角下，
中国白酒如何向世界发出中国声音？

近些年随着中国的发展，很多富有中国特色的商业品牌在崭露头角。

中国的"文化自信"，也随着这些品牌不断在刷新着我们的认知。这些品牌都有一个共同的特点，他们的根都来自对中国文化的深度挖掘。

比如观夏、端木良锦、天物、tea'stone…… 这些以中国文化为内核的品牌。

文化的繁荣需要商业品牌作为载体，随着中国的发展，中国在各个品类中也需要有像可口可乐一样能代表国家文化精神的品牌，来代表中国文化去世界上讲述我们中国人自己的故事。

我很庆幸从事了与酒相关的设计工作，特别是中国白酒。一个产品能代表国家文化输出，一定是有本国属性的。

法国奢侈品产业被比作"法国的另一艘航空母舰"，这与17世纪路易十四统治时期的宫廷文化、享乐主义密不可分。

可口可乐在美国被发明，凭借第二次世界大战成为后勤物资并随着战争的进程在世界建了许多工厂，在艾森豪威尔、肯尼迪、约翰逊几任国家总统的代言下，成为美国文化的输出。

而威士忌自被竹鹤政孝带到日本，被日本吸收以后，日本威士忌在威士忌里甚至被称为一个新的品类，从文化、视觉的输出都自成体系，通过威士忌这个商业品类向世界输出了自身的文化内容。

中国白酒，从全球蒸馏酒的角度看是包含了中国国家文化属性的。

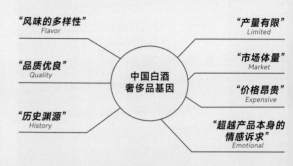

"风味的多样性" Flavor

"品质优良" Quality

"历史渊源" History

中国白酒奢侈品基因

"产量有限" Limited

"市场体量" Market

"价格昂贵" Expensive

"超越产品本身的情感诉求" Emotional

中国白酒无论是历史渊源、市场体量还是风味的多样性都拥有先天的优势。除了这些先天优势，中国白酒还是最具有奢侈品基因的品类。

由于从事行业所提供的便利，我经常看世界的酒种，路易十三、人头马、轩尼诗都是蒸馏酒中的顶级品牌。这些品牌的资源，中国白酒并不缺，所以我认为中国白酒是最能够代表中国向世界发声的品类。

在这个研究和实践的过程中，我们也基于这样的理念创作了诸如君品习酒、水井坊·典藏国宝系列三星堆纪念版、临水玉泉·真实年份1010这样的产品。

中国白酒要向世界发出中国声音，一定要追寻自身在中国这片沃土中的养分，并将其转化成中国的美学表达，构建一种不同于其他国家的中国声音。

在中国文化中吸取养分，讲好中国品牌故事，让每一款产品都能向世界发出中国人自己的声音，我觉得这是我们这代中国设计师的使命。

—— 段高峰设计 创始人&创意总监 段高峰

段高峰设计·深圳

水井坊

段高峰设计受任为水井坊品牌设计国家宝藏联名产品和冬奥冰雪庆功产品。在保留水井坊经典器型的基础上，以"三星堆插画"与"水墨赛事"为元素绘制了核心插图，表现国家宝藏三星堆与中国特色的冬奥产品。在文创板块力求为水井坊创造独属于其的IP形象，并为主品起到最大的赋能作用，帮助产品在市场上脱颖而出。

段高峰设计·深圳

贵州习酒

2022 年正值贵州习酒建厂 70 年，段高峰设计受任为贵州习酒品牌设计 70 年纪念装产品，分别容量为 7L 装大坛与 700ml 装日常纪念版。在"君子之品，东方习酒"的理念下，延续君子品格的色彩组合，一款以重器构思，一款以体验纪念装构思，在细节处深刻打磨，每一处都显示出对 70 年这个重大节日的尊重。帮助企业在这个重要的日子里，创造完美的回忆。

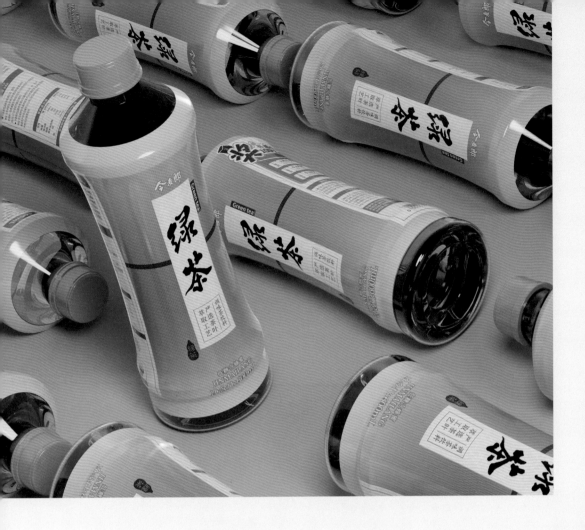

今麦郎饮品

2022年初今麦郎饮品板块发布了"一个中心，八大垂直"全品类发展战略，段高峰设计也受任为其完成了今麦郎绿茶、今麦郎茉莉蜜茶的设计工作。在此两款设计工作中最重要的是提升今麦郎的美学高度，以"设计"提升品牌的体验感。绿茶的重塑中寻找到"竹"为核心，强化产品的宁静感，而茉莉蜜茶则重新改良了原有的插画版面，让其图形、色彩、工艺表达更细腻精致。作为今麦郎饮品板块业绩贡献最突出的两员，上市以来获得了良好的市场反馈，深受消费者喜爱。

段高峰设计·深圳

摘要 - 匠师版

2021年是酱酒品类迅速发展的一年，摘要作为金沙酒业的高端品牌在这个时间节点上选择了向上突破，基于此战略开发了更高端的摘要——匠师版，定价1999元。段高峰设计受任此款产品的设计工作，在经典摘要的基础上进行了新的创作，采用"极致打磨"的态度为此款产品完成了设计工作。此款产品已于2021年末，在海南企业家博鳌论坛发布。

今世缘 · 国缘

2022年段高峰设计受任为2023年的国缘生肖酒进行设计工作。国缘是江苏白酒上市企业今世缘的高端品牌，一直定位于高端商务宴饮。生肖文创产品已经成为各大品牌的标配，为主品赋能并作出新意，是此产品需要担负的责任。设计保留国缘最重要的钻石切割风格，以立体主义的视角重新规划切面的形态，点缀金色兔鼻，瓶盖采用一体开模的兔耳形状，远观仿佛一件艺术雕塑。此款产品已于2023年4月上市。

商业的演化被当下的优势变量所牵引，在中国，几千年来优势变量一直在改变，从解决温饱问题年代的渠道变量到基础设施供应链能力提升阶段的品质优势变量，到以极致性价比突围的成本优势变量，再到如大疆、特斯拉这类强技术公司崛起，他们所掌握的便是技术优势变量。而今天，不管是渠道、品质、成本、技术，这些优势在当下的品牌竞争中慢慢持平，设计优势变量慢慢显现。我们认为，无论在哪个领域，当基础物质需求被满足后，个人差异化需求就会涌现出来，设计恰好是当下这个时代最好用的商业工具。用设计塑造圈层，用设计打造全新感受，用设计创造全新体验。

—— 佳简几何（XIVO）创始人 魏民

佳简几何（XIVO）· 深圳

yoose 有色

yoose 有色是由中国顶尖设计团队"佳简几何"的一群探索未来生活方式的设计师、工程师、艺术家共同打造的潮流科技品牌。有色坚持只做原创设计，并融合艺术与创新科技，打造属于未来时代好看更好用的潮流科技产品。

EZILIVIN 小伊室集

小伊室集以"做减法，放轻松"为理念，带消费者感受微醺自然的香薰体验。包装设计上用光斑和字体的结合形式表达外包装的视觉美感，在内盒结构上为了更符合品牌想表达的微醺感，策划了一款能包裹整个内盒的"蓝调插画"。结构使用传统盒型的开启方式，内部使用外扩的盒型，希望打开时能根据插画的微醺感，找到小伊室集真正的品牌价值。

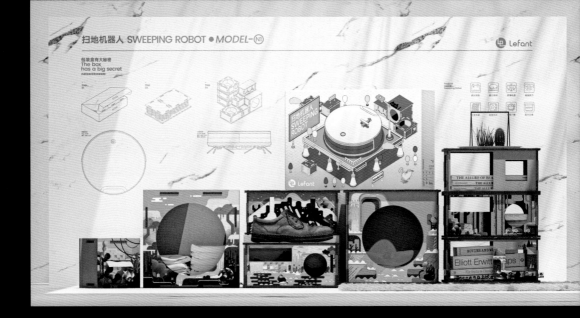

LEFANT 乐帆 N1 扫地机器人

挖掘产品的使用背景，将包装内部的瓦楞纸板分为三种规格，以包裹产品及其组件。当产品取出后，又能以多种组合，搭建成置物架、鞋盒、猫窝等物品，用于家居与宠物生活，实现包装的再次利用。每个空间正面的插画以黑白动物和彩色自然环境形成对比，警示人们这些动物濒临灭绝，呼吁人们对自然环境及濒危动物的关注与保护。

PICK FUN 宠物短视频制造机

PICK FUN 是利用 AI 算法自动锁定宠物，全自动成片的短视频制造机。包装上采用了内外双层的圆形旋转结构，来模拟摄像头智能捕捉的过程。外层包装的圆形镂空代表录制镜头。内层包装上，绘制了四幅温馨的插画，表现宠物一天的生活。在包装开启旋转的过程中，内层的插画会透过外层的镂空结构展示宠物的一天。

今麦郎系列饮料

在消费升级的大环境下，今麦郎携手佳简几何拥抱年青一代，洞察年轻群体心理，搭建一系列产品矩阵，全面进军饮品赛道。果味汽水、维生素水、低浓度果汁、电解质水等，佳简几何深入消费者内心，以细分场景反推外观设计，发掘产品本身的特色，创造兼具设计感、故事感、交互感，从而对话消费者与其产生共鸣。

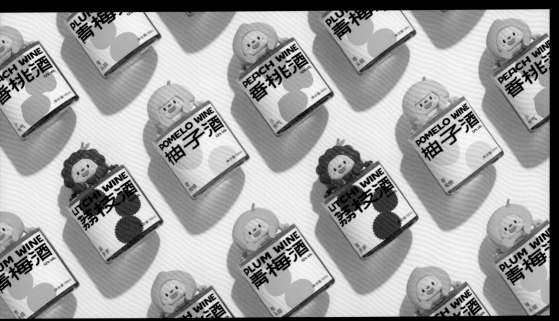

X-ALCOHOL 百变酒精

百变酒精锁定新潮的年轻群体，结合潮玩 IP 元素推出首款产品"发酵机动队"。产品使用青梅、荔枝、柚子、桃子四种口味的拟人化水果公仔形象，选择饱和度较高的色彩，亲肤的硅胶材质，从视觉到触觉营造可爱呆萌的形象。每个形象各有外化的性格特点，诠释当下年轻人不同的生活态度和状态，让产品个性化、情感化。

让设计回归商业原点

甲古文从新消费时代的变革进行切入，提出"一切的重塑与创新源自需求的变化"，未来的设计将回归商业本质、产品本身，以市场需求为主流导向，将以可扩展、可连接、可转化及可识别作为设计的衡量标准。设计的商业原点，即"3C 方法论，设计向 C 而行"，"3C"分别是消费者 CONSUMER、创意 CREATIVE 及社群 COMMUNITY。首先，回归消费者的关注点，设计必须呈现目标用户价值；其次，创意是新消费时代最好的营销工具，新消费、新零售均对设计提出平面化、简约化新要求，同时伴随社会责任意识的苏醒，可持续、可环保也将成为评判商业设计的重要标准；最后，品牌需建立自己的品牌流量池，留存自己的"粉丝"，创造流量与话题，实现裂变。

在体验至上的产品 4.0 新消费时代，应该告别浮躁的产品设计，让设计向 C 而行！让设计回归产品本身和商业原点，将消费者、创意和社群三者完美融合在一起。借用古平正义先生的一句话："设计应该更接近事物的本质，而非仅是外表。"

—— 甲古文首席创意官 刘文

甲古文创意·深圳

天之蓝 [2]

遵循理性美学的原则，通过增大瓶盖的造型体量，打破瓶盖、瓶肩、瓶底三者联动的平衡轮廓，运用"斐波那契螺旋线"585 的黄金法则调整整体的比例。营造更为优雅动感的"点线面"超级黄金比例的节奏，使整体造型更有力量感。色彩的灵感源于"极光色"，极光在神话中被誉为"黎明"的化身，是"希望之光"的象征。

大黄狗 [3]

大黄狗 Yellow Code 一开始的目标就是以一个大黄狗的形象作为主要视觉呈现在包装上。客户希望能够突破传统的红酒包装设计，创造出一个具有鲜明性格和外表的大黄狗 IP 形象，并且用非常直观的方式把这个形象放在整个红酒瓶的视觉中心。设计的重点在于这个 IP 在酒瓶上是立体的，更加凸显了这款酒的特殊性和突破性。

野岭酵素茶 [1]

设计团队采用了更加轻快的插画风格包装，重新设计了字体，让这款酵素茶更加具有活力，能吸引年轻群体。画面中是正在努力运动的卡通水果和热爱健身的女孩。瓶盖采用了渐变色的设计，让人联想到瑜伽与舒缓的音乐。通过把酵素茶和"时尚健康的生活风格"联系起来，引发消费者的共鸣。

1 甲古文创意·Weird&Funny工作室　　2 甲古文创意·创意管理中心　　3 甲古文创意·刘文工作室

洋河 M6+ 航天小酒礼盒

中国航天合作款礼盒包装，提取出中国火箭与太空舱的特征，结合潮玩概念与白酒文化，趋向年轻化与趣味性设计，更好地推广航天文化，拉近航天与人们之间的距离，使航天不再遥远。与洋河梦之蓝 M6+ 的特性结合，标志性的蓝色给人太空浩瀚与满满科技感，既有包装属性，又可以作为一个纪念品。

国窖 1573 澳网冠军版

此包装以澳大利亚网球公开赛为主题，澳网标志 AO 为核心视觉符号，取材于澳网场地的深浅蓝色，仿佛绽放着澳网赛场上的自信与优雅。搭配极致荣耀的华贵金，让人不由自主地坠入想象的世界，在梦幻与现实之间辗转流连，宛如在浪漫的墨尔本邂逅一场真正的澳网巅峰对决。又让人感觉仿佛徜徉在黄金海岸的阳光沙滩上，享受金光碧波，海天一色的澳大利亚风情。

剑南春 南极之心

此项目是为剑南春品牌打造的一款爱情主题的爆款产品。目标消费人群为喜欢收藏中国名酒的收藏者以及追求甜蜜爱情的高端人士。剑南春是中国传统名酒，近年来，剑南春品牌发展势头强劲，创造出多场品牌高度与理念创新兼具的经典营销案例，获得业内外一致好评。

水井坊 典藏

以 600 年的传世故事为概念，回溯陈、香、圆、润的大师故事，酿造大师探索最佳酒境的心路历程，演绎高端白酒故事。在 600 年传统酿造技艺的厚积薄发中，创新焕活，传承更高端的典藏美酒价值。综合运用琥珀金和宝藏蓝为主视觉色，延续水井坊一贯的美学优势，以及对品质和内涵的延伸，展现出"陈香圆润典藏人生"的精神境界。

327

1 2 4 甲古文创意·创意管理中心　　3 甲古文创意·刘文工作室

JOJO 气泡酒 ③

JOJO 气泡酒作为中国电商平台的新锐品牌，用玻璃瓶替换原有铝罐装，瓶体造型从高定时装的裙摆汲取灵感，冷峻顺滑的线条配合深棕色瓶体，刻画出品牌的优雅气质，金色瓶标最大限度地勾勒出品牌符号的质感，展示出冷暖碰撞的冲突感、理性与感性的趣味张力，符合新一代消费群体多变的审美品位。

张裕 - 瑞那 ①

张裕 - 瑞那是在中国建造意大利风格的酒庄，设计师需要一款打破品类认知的颠覆式的红酒，不用传统酒标的方式去"教育"消费者，而是强调品牌的主张"将简单交给消费者，复杂留给自己"。所以在设计的时候更多地从视觉识别的角度出发，建立起品牌独有的设计符号，三个价位段通过不同的颜色及预售价格作为副品牌，让消费者选择起来更简单。

泸州老窖 - 国窖 1573 ④

卡塔尔世界杯标志沿袭了对奖杯的抽象诠释，使用传统的阿拉伯羊毛披肩元素，同时也包含了"无限"的符号。以卡塔尔世界杯和足球文化为灵感，提取相关元素用于包装视觉上，"每一瓶都荣耀加身"。主体色代表胆识、勇气、尊贵，取自 2022 年卡塔尔世界杯官方标准色，与世界杯紧密相连，同时又与国窖红色属同一色彩体系，象征着世界杯的激情。

迎驾贡酒 - 大师版 ②

设计通过一条金色的色带围绕瓶身，仿若青山绿水，有流水潺潺之音。瓶盖用"山"的方式传递出产品独特的地理优势和特色，融情千景，纳景为形，将山水意境真正融入设计当中。木质的瓶盖上镶嵌着金属山峰，栩栩如生，独特而吸睛，彰显最美酒乡的自然生态。

① ② 甲古文创意·KK工作室　　　③ 甲古文创意·刘文工作室　　　④ 甲古文创意·创意管理中心

头号种子 白酒玩家 1

打破传统光瓶酒认知框架，"白酒玩家"既是产品定位，又是消费者的身份标签。是一群不走常规路线，敢于打破边界的新生力量，蕴含着无限可能。三角形酒瓶，代表了向上生长，敢冒尖的白酒玩家精神。瓶身渐变青碧色，代表了万物生机的蓬勃姿态，整体视觉呈现出轻盈、轻松的生命力。

高光 2

"高光"定位为中国白酒行业新轻奢主义白酒。它颠覆了消费者对于传统光瓶酒的产品认知。瓶盖采用金属、皮革与木头材质，简约却不失质感，瓶肩采用"锤纹"象征追求极致的工匠精神，低声诉说唯历经千锤百炼，才可达到人生的高光时刻。瓶身采用细腻、质感的日光纹理，如耀眼的太阳光芒，释放满满的能量，是高光独特的视觉符号。

泸州老窖 - 茗酿萃绿 3

瓶盖顶部的涟漪状波纹表达好酒需要好水，涟漪之上点缀的一片茶叶喻示茗酿萃绿选用优质茶叶入酒，营造"一片茶叶落入酒液，泛起层层涟漪"的场景，表达茶的含蓄内敛与酒的热烈奔放相融合。瓶身的设计巧妙地将花、鸟、茶叶和科技元素符号化，打造茗酿萃绿的专属符号，浮雕与磨砂工艺相结合，提升整体品质感。

T HOUSE TIME 4

该品牌理念是"倡导一种精致的、典雅的、时尚的现代生活理念，用国际化的视觉语言重塑现代茶文化美学"。灵感来自清朝一位喜欢喝茶的年轻贵妃，以及她对生活时尚健康的态度。

1 2 3 甲古文创意·创意管理中心　　4 甲古文创意·刘文工作室

酷客金樽 耘系列 ❶

合模线是产品生产过程中因为模具部件的缝隙而留下来的痕迹，其存在看似产品生产过程中的瑕疵，其实不然，展现缺点的同时会换来更多的好感。合模线传递出一种恰到好处的朴素，体现了酷客金樽产品的本分、真诚、长期主义的价值观。同时以时间的创意元素为极简符号，"二十四节气"融入恰到好处的优雅写意感，以传达大师技艺、足年陈酿的诚意之作。

张裕 迷霓 X-lab ❷

"X-lab"是一款专为年轻族群打造的白兰地，"X"是未知、无限可能、目标和希望，代表年轻人无畏的探索精神。整体设计围绕"向未知，亮出色"的产品理念展开，摆脱白兰地一贯的传统印象，产品主张用"未知"打开年轻人的兴趣，用"色彩"走进年轻人的内心，牢牢地抓住消费者的注意力。

国窖 1573 天坛 - 孟春祈谷 ❸

灵感来源于天坛公园的核心建筑——祈年殿，"地标＋品牌"的文创形式深度融合，打开了无穷的想象之门，更形成了潜在的品牌关联。十二地支在上，象征岁月流逝；十二生肖在下，象征生命轮回。

梦之蓝 M6+ ❹

包装通过设计创新不断颠覆产品形象，但始终保留了经典形象的影子，既有传承，又有提升。使用蓝和金的色彩搭配，低调奢华，视觉层次丰富，色彩鲜明强烈，尊荣内敛，彰显国际品位。

1 甲古文创意·创意管理中心　　2 甲古文创意·KK工作室　　3 甲古文创意·刘文工作室　　4 甲古文创意·创意管理中心

金种子 - 馥合香 [3]

品牌倡导轻奢主义的生活主张与视觉表达。设计重视环保，追求可持续性。酒瓶的设计灵感来源于中国传统的贮酒容器，一般是用藤条或竹篾编制而成的酒坛、酒篓。同时也是金种子酒产地——安徽阜阳的"非遗"文化之一。以独特的设计语言，塑造产品专属的视觉锤。

钓鱼台 - 盛事丝路 [1]

整体设计概念采用陶瓷材质，通过瓶身的插画呈现古今海陆"丝绸之路"带来的繁荣昌盛与文化交融，以白酒、瓷器、丝绸等元素作为中国对外贸易交流的代表，通过"丝绸之路"走向世界，尽显盛事丝路。

口子窖"兼"系列 [4]

瓶盖设计以汉代进贤冠冠帽造型为灵感，尽显酒瓶高贵典雅的贵族气质。经典葫芦瓶身与"如意"造型相结合，重塑口子窖新一代"如意葫芦瓶"。沿用经典三角盒型，以浮雕暗纹精饰盒面，品名采用激光立雕工艺，高端质感触手可及。

韩井 [2]

作为新开发的酱酒品牌，韩井用现代审美塑造江苏地区酱酒品牌产品的独特性和价值感。设计上分别提炼古代水井用于打水的辘轳形状作为瓶盖。古井作为瓶身，打造成韩井品牌独有的视觉符号。瓶肩将江苏地区的漏窗特色与产品卖点相结合，让人印象深刻。消费者可以直观感受韩井酒的品牌文化与历史。

商业设计是一种强大的工具，旨在为企业创造与消费者的联结，推动品牌的发展和成功。在当下的商业设计中，品牌策略和包装设计是相辅相成的。它们的完美结合有助于企业在竞争激烈的商业环境中脱颖而出，确保企业在外部表达中保持一致性，并在消费者心中建立强大的认知。

品牌策略是企业在市场中建立其独特地位的基石。包装设计是将品牌策略转化为视觉元素的关键环节。它涉及品牌的核心价值和个性，通过产品的外观和包装传达给消费者。品牌策略为包装设计提供了指导和灵感。一致的品牌语言和视觉元素使消费者能够快速识别和记住品牌。当消费者在市场上看到与品牌形象一致的包装设计时，他们能够迅速将其与特定品牌联系在一起，这有助于在消费者心中建立强大的品牌印象，提高品牌在市场中的知名度和竞争力。通过明确企业的核心价值、差异化和视觉识别要素，品牌策略和包装设计共同为企业创造了巨大的商业价值。

—— 香橙壹品(Orange One)创始人 李伟

香橙壹品品牌（OrangeOne）·深圳

生态海盐

该包装设计围绕原生态的概念，将盐以独特直观的创意手法表现出"珊瑚"图案，以此作为主视觉。简约的设计在货架上脱颖而出。

包装整体外观色调以深海蓝为主，高贵的深海蓝让人不禁对深海生态系统多了一份敬畏；结合在生态海盐包装上，呈现产品的高端感。

Orang One 品牌创意组

墨鱼水饺 ◨

将墨鱼比作大海，人们在海里嬉戏
冲浪、尽情享受，就像食物在口中
的探险，尽管充满未知，但都值得
一搏。

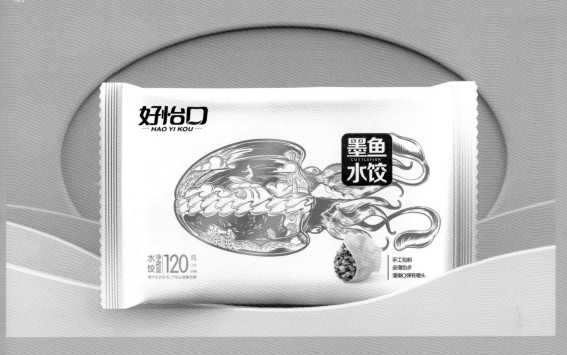

轻卡能靓香肠 ◩

蜂鸟是世界上最轻、最快的鸟类，
与产品 0 卡的概念相融合，加入轻
享生活的插画，把要传递给消费者
的信息准确、丰富、清晰地呈现出来。

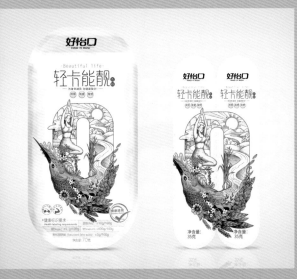
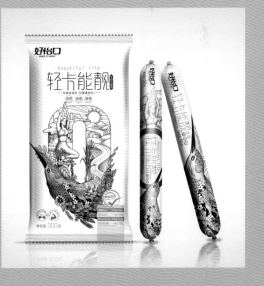

香橙壹品品牌（OrangeOne）·深圳

◨ ◩ Orang One 品牌创意组

对虾豆豉酱

用最基础的配色、最原始的手法，创造出最特别的包装。最外层图案以竹编纹作为底图，将中国书法与主要食材插画结合，既在文字上表达了产品，也在图画上再一次点题。区别于市场上其他色彩浓烈突出的虾酱，该包装采用了原始自然、返璞归真的表达方式。

Orang One 品牌创意组

双汇 - 智趣多鳕鱼肠 ①

将滑板与 IP 形象结合，增加包装趣味性的同时，突出整体画面梦幻冒险的色彩。海精灵可爱的形象让人想要与之亲近，给商品融入顽强的生命力，让包装成为故事和情境的载体。运用比较清新明快的马卡龙色调，用视觉变化传递童趣，为产品赋予了美好的寓意。

荣华流心燕窝味月饼 ②

古往今来，有人赞美燕子是春天的使者，有人歌颂燕子是爱情的象征。无论哪种都是对美好的向往。燕子筑巢搭窝在古代有着紫燕之说，表示紫气东来，筑巢预示着这一家幸福安康、人丁兴旺，本包装借此表达在中秋佳节之际如同燕子筑巢，送去幸福和祝福。

1 2 Orang One 品牌创意组

作为商业设计团队，10 年前我们就已经从事包装设计创新。那时，市场常见的产品包装大都相近，只有少数品牌方敢为人先地接受差异化的设计理念与表达方式。

经过 3 年疫情的洗礼，以直播带货为首的线上消费习惯悄然养成，线下销售渠道再次受到猛烈的冲击，竞争从未如此惨烈……挑战即是机遇，直播"网红"的头部 IP 们对选品的"挑剔"反推产品创新，加速包装设计的进化迭代。新的审美范式以从未有过的更新速度应用于产品包装设计中。AI 人工智能的爆发，更是赋予了包装设计宇宙级的想象力。

期待未来的更多可能！

—— 总监 张晓宁

张晓宁文化创意·深圳／杭州

秒研方 护肤品 ❶

"秒研方"是一家拥有护肤黑科技的年轻团队，为摆脱传统美妆护肤企业的无聊形象，设计团队为其创作了 3 幅插画用作品牌方 3 款主力产品的外包装。抽象的艺术风格结合每款产品的代表成分，分别营造出梳妆、瑜伽、芭蕾等系列化的场景与动作，大胆的构图与色彩，使得产品一经落地便引起不小的关注与传播。

Li Breathe 卫生巾 ❷

张晓宁文化创意为品牌方 Li Breathe 自享呼吸红豆杉木卫生巾进行设计时，提出了蒲公英这一代表自由与有呼吸感的天然形象来传达其品牌主张与产品的自由舒适：水彩风格的包装画面中，蒲公英、云朵、叶子、花朵等美好景象被有机整合排列，与背面的诗句一同将知性优雅的格调、细腻与感性巧妙传达。

❶ 品牌方	秒研方	❷ 品牌方	Li Breathe
创意总监	张晓宁	创意总监	张晓宁
设计师	张晓宁 Lemon	设计师	张晓宁 Lemon

Cici888 的家宴 中秋礼盒 ❶

张晓宁文化创意为其量身定制了"花好月圆"这一主题，将"当窗理云鬓，对镜帖花黄"的铜镜满月外形，结合"飞天神女""三首共耳兔"、飘带、祥云等国潮元素，与四大美人巧妙结合。画面围绕中心满月旋转对称，寓意团圆美满、生生不息。束发丝带与礼盒提手合二为一，消费者可自行探索更多穿搭惊喜。

零跑汽车 衍生品礼盒 ❷

皇姿宠物食品 猫粮包装 ❸

拿破仑猫王与小猫钓鱼的童年故事，将"皇家品质"精准演绎。

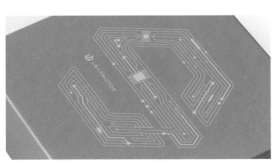

① 品牌方	Cici888的家宴	② 品牌方	零跑汽车	③ 品牌方	皇姿宠物食品
创意总监	张晓宁	创意总监	张晓宁	创意总监	张晓宁
设计师	张晓宁 Lemon	设计师	张晓宁 Lemon	设计师	张晓宁 Lemon
插画师	白米饭范				

飞人谷
企业爆款产品「智」造者，
让产品开发高效落地。

—— 艺术总监　梁文峰

飞人谷营销策划 · 深圳

出品方　　西凤酒
创意设计　飞人谷包装设计团队

西凤酒 - 丝路情

瓶子采用了西周时期冥车父壶为原型，瓶与盖浑然一体的结构可以更好还原冥车父壶文物的整体性，体现酒器的价值。瓶身上的画作为金代画家赵霖的《昭陵六骏图》，套盖上的凤凰纹更契合西凤酒中的"凤"。

豫州酱酒

古有夏禹分天下为九州，豫州位于九
州之中，历史上曾数度达到鼎盛时期，
自夏朝至宋朝是中国的政治、经济和
文化中心。豫州酱酒器型取自莲鹤方
壶，此壶为春秋中期青铜制盛酒或盛
水所用器具，是中国禁止出国（境）
的展览文物。豫州酱酒，香飘四海。

飞人谷营销策划·深圳

340

出品方　　蔡洪坊
创意设计　飞人谷包装设计团队

释心堂 - 柳叶湖 🔳

柳叶湖的插图采用古代画作的风格精
心绘画，选取了柳叶湖的景色作为基
础。四瓶酒上每一瓶对应着常德柳叶
湖地方标志性"网红"打卡地，古朴
典雅的建筑使得一幅古香古色的柳叶
春景跃然眼前。

同仁老陈皮 🔳

花纹以同仁堂的门楼元素为主，陈皮
三生花、新会大红柑等花纹元素为辅。
盖顶上的花纹根据陈皮年份采用了具
有中国古文化寓意的三种瑞兽纹，龙
纹——十六年陈、凤纹——十二年陈、
麟纹——五年陈。

1 出品方　释心堂
　创意设计　飞人谷包装设计团队

2 出品方　同仁堂
　创意设计　飞人谷包装设计团队

绿雪芽 - 龙启宏图

木箱选用胡桃木实木，体现产品的文化历史感。盒子正面的主体花纹为十二生肖与太姥山图案，体现年份与白茶的核心产地——太姥山。盒子内为古代妆匣结构，篆刻了十二生肖的地支排序，整体古朴大气，具有良好的收藏价值。

出品方　绿雪芽
创意设计　飞人谷包装设计团队

释心堂 - 坛储

这是一瓶"桃花源"里的酱酒,以"桃花"为视觉符号,打造生态酱酒酒庄。盒子以桃花为基调,压纹工艺强化"桃花"符号,瓶身采用宋代青瓷造型,打造出古典大气的酱酒包装。

出品方　释心堂
创意设计　飞人谷包装设计团队

玉鸽·宋彩

以中国传统国画形式呈现,细节造型
雍容华美,鸽子体态饱满圆润,折射出
品牌的伟大宏愿:象征和平的鸽子将
"东方美酒文化"带给全世界。

卓
上
品
牌
设
计
·
深
圳

从事品牌设计的年头越长,对这个行业的感触就越深。我常
常会思考:品牌设计究竟是什么?其实这个问题并没有标准
答案,但以我从事设计几十载的经验来看,我认为它是艺术
与技术的完美结合。

在商业社会中,设计需要客观与克制,以达到艺术设计与创
作理想的平衡,既要符合审美调性,也要兼顾实用性。我从
事的是商业设计,产品的性质和诉求、文化的差异、受众的
层次、审美的角度、潮流文化等多方面因素都会左右最终的
设计呈现。而设计没有完成的概念,需要不断地完善,精益
求精,挑战自我,向自己宣战!

商业设计不是一个人的游戏,创意是它的灵魂。而创意不代
表在唯美的空堂里无人喝彩,也不代表思想可以漫无边际地
神游,创意必须与品牌合而为一,才能被真诚地触摸到,被
真实地感受到。

设计的关键之处在于让人感动,只有足够的细致、精彩的创
意、有品位的色彩构成、精美的材料等,将设计众多种元素
进行有机化、艺术化组合,才能真正地打动人。这对设计师
来说是一个挑战,需要通过不断体验和深入地挖掘才有可能
做到。

—— 卓上品牌设计 武宽夫

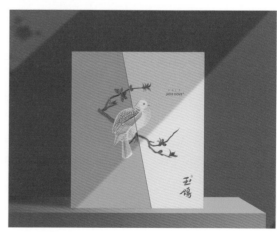

344

酒鬼酒 - 行者无疆

瓶身阶梯设计象征不断攀登，不惧跋涉艰难，与酒鬼酒传统麻袋陶瓶形成强烈反差，契合"行者无疆"寻求突破、颠覆自我的品牌愿景。

卓上品牌设计·深圳

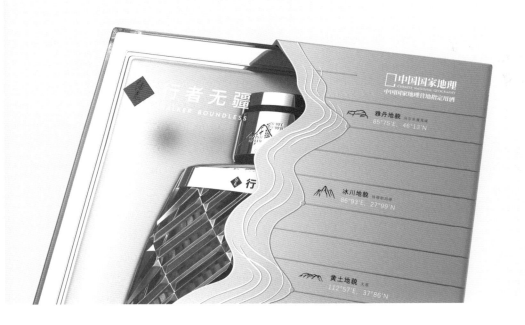

可雅兔年生肖酒

现代插画风格设计，灵动又喜庆，一派喜悦祥和的美好图景。瓶盖玉兔造型创意，与生肖概念高度契合，传递高级雅致、传统韵味之美。

采用高阶玻璃瓶，独具艺术美感，彰
显品牌价值；翡翠绿晶莹剔透，璀
璨生辉，宛如极光，完美展现高端水
的品质感。

卓上品牌设计·深圳

辞典

围绕"辞典"的概念设计，其书体结构演绎了悠久的白酒历史，丰富的细节元素被组合构建，传达出美好的寓意，以及典型的东方美学。

1405

花间序 青梅酒

以钻石为灵感，多面切割棱角，如钻
石之坚。紫彩主调，绮丽通透又迷人。
青梅繁花点缀，落英缤纷，整体设计
刚中柔外，契合品牌价值。

卓上品牌设计·深圳

品牌不仅是一种产品或服务，而且是一种文化及信仰。品牌包装设计让无形的品牌文化转化为可视的专属符号传递给消费者，让消费者能够深入了解品牌文化和内在价值，从而形成消费者对品牌的认同感，提高忠诚度。优秀的品牌设计能够让品牌在市场上产生竞争力和差异化，从而为品牌提供更大的市场空间及创意新价值。

品牌从设计到生产，龙图创意（LOTO）提出一站式的服务理念，从 0 到 1 为品牌提供形象塑造到生产的全程专业服务。让品牌企业"省事、省时、省心"；只有为品牌创造了价值，才能真正实现"双赢"。

—— 龙图创意（LOTO）

王朝年华葡萄酒

风月无边，年华有限。

王朝年华系列葡萄酒以"时间"为概念，从品牌名的联想出发进行创意发掘。从中提炼年轮为设计载体，简洁的设计突出品牌核心元素。

王朝年华系列特别之处在于极致透明化的定价，王朝年华 100、200、300、500 四款产品的产品名就是定价，即王朝年华 100 意味着市场售价 100 元。以清晰的价格数字与年轮相结合，相得益彰。

龙图创意设计团队

龙图创意（LOTO）·深圳

华台酱酒

中国古称华夏，今称中华。华台酱酒品牌设计理念源自"华"文化，品牌本身的酱酒属性结合中华文化与品牌文化，提炼"华"字作为视觉核心，并将其转化为品牌形象符号，整体设计简约大气；融入酿酒大师形象、酿酒工艺图，树立品牌"酿酒匠心"精神。

天地万物的美丽奥妙，古老技法的代代相传，与"华"文化共同赋予品牌内涵与生命力。

351

龙图创意设计团队

国仙

"国仙"高端中式果酒品牌，作为泸州老窖旗下又一全新品牌，在瞄准高端女性消费市场的同时，还肩负开发与培育新市场以及消费群体的责任。以中式果酿酒致敬东方之美，献给每一位热爱生活的东方女性。

"仙"自古寓意飘逸出尘，不染凡俗；"国"则将产品的调性引向了大国东方的国风气度。"国仙"是千年酿造传统技艺的传承，也是东方艺术美学的再次焕新。当产品被定位为"高端果酒"时，凌云也不再将出品对标市面上百元左右的果酒产品，而是同价位的所有酒品。

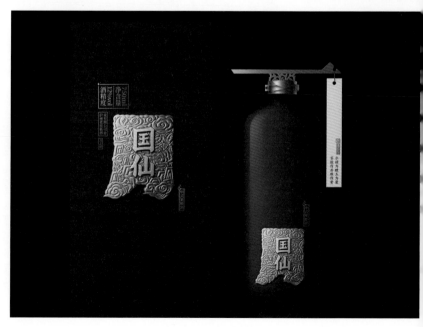

要么更好，要么不同。

欲打动别人，先打动自己。

设计负责打中，营销负责打穿。

别总说消费者接受不了，之前只是没得选。

致力于成为品牌包装设计领域高品质的代名词。

中国白酒理应具备不输给任何国度酒品的视觉设计。

先解决看，再解决说。看都不愿意看，更没有听你说的欲望。

—— 创意总监 邓雄波

泸州老窖黑盖 兔年献礼版

十二生肖是我国悠久的民俗文化典范，特别是过年期间，许多品牌都会打出"生肖"这张牌，让人们感受到中国文化的生命力的同时，也体验着时下品牌与传统文化相结合时所迸发出的创造力。

在助力泸州老窖打造"黑盖"系列时，凌云也就提出了这款产品可以与许多时事要素相结合，例如热点事件、品牌联名或是佳节特别版之类，力求将"黑盖"品牌生活化、符号化。对于如今的消费者来说，这些动作都是一种最起码的尊重与互动。

认养一头牛 冷藏牛乳

凌云创意助力"认养一头牛"品牌打造上市了其旗下高端奶产品之一的（冷藏）娟姗牛乳，而今再次为品牌助力，打造了另一款健康新选择——产自荷斯坦奶牛的冷藏牛乳。画面中所绘制的荷斯坦牛匍匐在农舍中，周遭放置着平日所食用的口粮，用以呼应品牌 slogan——奶牛养得好，牛奶才会好。

贻井坊匠艺

这是贻井坊白酒，售价略低于"匠心"的"匠艺"款。同样是将"匠"作为主要突出点，有别于"匠心"的沉稳，这款"匠艺"因其售价定位较低而显得更加活泼一些，采用散点式的排版以及橘红色的基调来呈现这一特征。容器采用透明玻璃瓶，直接将"匠"字进行设计处理后模凸起，增添手感之余，视觉上也令人耳目一新。

亦洲

这是中式利口酒品牌"亦洲"旗下的一款产品。在项目初期，品牌就确立了"雅聚，喝亦洲"的核心定位，力求让产品散发出优雅的东方气质。采用透明玻璃瓶进行打造，让其迷人的酒体色泽得以充分展现。容器的正面，采用精致的图形插画将中国古代"曲水流觞"的典故演绎出来，背面在模拟水流一样的非规则造型中凸起了"亦洲"二字，除了美观之外，也会让手感更加丰富。

外盒的包装采用了白色，除了简约的版式以外，还在左上角搭配了一条色彩鲜明的封条，而这个封条的颜色，也会根据日后其他酒体的颜色进行变换，方便了人们在购买时更快地分辨哪个才是自己想要买的口味。

凌云创意·深圳

355

红茶坊
HONGCHAFANG
竹叶青茶业出品 　净含量:50g

竹叶春
ZHUYECHUN
TEA
高山绿茶
竹叶青茶业出品 　净含量:50g

飘雪
PIAOXUE
TEA
茉莉花茶
竹叶青茶业出品 　净含量:50g

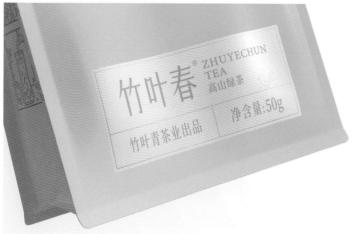

竹叶春
ZHUYECHUN
TEA
高山绿茶
净含量:50g
竹叶青茶业出品

竹叶青袋装茶

既是知名茶品也是知名茶企的"竹叶青"产地在四川峨眉山,产茶历史悠久。2022 年,竹叶青茶与凌云创意达成战略合作,为旗下高端茶品"论道"系列以及全新亲民之作"竹叶春"系列打造全新产品包装,力求为广大爱茶人士带来更好的茶饮。

竹叶青罐装茶

竹叶青"品味"系列作为面向更多受众的一款产品，不同规格形态的推出也是必然。除了系列袋装版产品外，还有"品味"系列的罐装版产品，除了克重与售价不同，清新的色彩让观者一见舒心，消费者初步的开启就能够领略到品牌的用心。

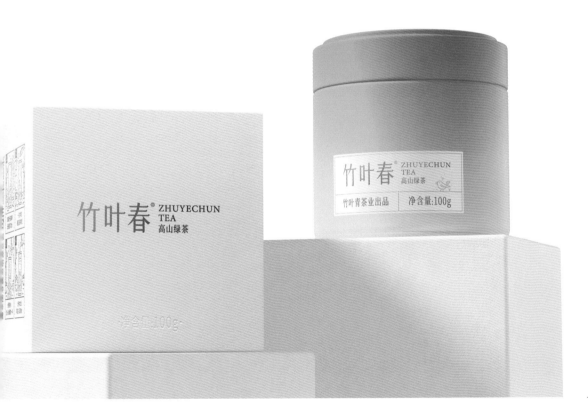

在当今社会，企业推出新产品的速度非常快，一旦消费者接受它们，整个市场上各个品牌就会推出相同或类似的产品。因此，在货架和电子商务平台上的产品包装设计也会变得相似，甚至到了同品类中几乎一模一样的程度。最后，取决于哪家企业的市场渠道更好，谁具有更强的资金实力，将很容易占据该品类的头部市场地位。

消费者通常通过品牌包装设计的视觉效果来记忆品牌，这也是最早留下印象加分的低成本投入。在品牌市场中，每个企业都非常重视自己产品的市场定位和策略，但有时会忽略设计上的策略。例如，可口可乐在消费者心中留下了深刻的印象，通过使用红色和经典的品牌字体实现。其他企业难以模仿。此时，百事可乐必须思考如何突围。最后，百事可乐用蓝色来表达新的战略，以对应市场需求，在市场上也迅速成为第二大可乐品牌。

确实，对于一套产品的包装和品牌设计来说，它们应该是带有策略性的，而不是仅仅追求好看。市场调研只是其中一个环节，还需要综合考虑包括品牌定位、目标用户、品牌文化、市场趋势、未来发展等诸多因素，以确定如何做出市场上的独特性，并提升自身的品牌价值。因此，一个成功的品牌包装设计应该支持品牌定位和市场策略，同时也要适应当下和未来的市场环境，能够引导消费者的购买行为，让消费者快速、深刻地记住品牌。在实践中，品牌方需要深入了解自身的品牌优势和特点，并通过创新和突破，同时保持品牌一致性和独特性来实现长期的有效营销。

—— 林韶斌

林韶斌品牌设计·深圳

茶粹

茶粹是今麦郎新推出的果茶饮料。借着年轻消费者的出现，设计决定走简洁的风格，大面积的纯白底色加以简约的色彩图形和排版方式，在图形上用线条组合而成，像字体一样构成水果茶的图形，然后再配上反差的颜色来强化包装的视觉冲击力，这样既能把品类及口味表达清晰，又能在货架上跟其他果茶饮料产生视觉对比。

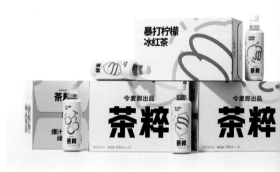

创意总监　林韶斌
客服经理　吴玉霞
执行设计　蔡贤淇

拉面范盒装 ■

拉面范是今麦郎新推出的方便面品牌，采用与品牌一致的基础元素设计包装，以白色为底色，呈现出清新、干净的形象，提升品牌卫生度和高级感。包装以直接的文字排版结合碗面的照片，通过色彩的变化来区分口味。给消费者最直接的食欲感和看图购买的便捷性。

拉面范袋装 ②

以白色为底色，呈现出清新、干净的形象。包装以猫在拉面的创意设计为主题，巧妙地将面条变成彩色线条，成为包装的主要视觉，呈现出产品的活力和独特魅力。该产品共有五种口味，通过不同的色彩和实物照片，轻松区分每种味道。

① ② 创意总监　林韶斌
　　　 客服经理　吴玉霞
　　　 美术指导　蔡贤淇
　　　 执行设计　陈晓旋
　　　 完稿制作　吴敏佳

八马福虎生风

通过中国书法及局部的山水插画体
现出"福虎生风"的中国茶叶文化及
虎年特征。设计以浓墨重彩的苍劲
书法为主,寓意福气临门、虎虎生威。
茶饼用双层棉纸保护,表面压有细
节纹理。纸盒面印有专门为包装设
计的底纹,是用老虎的形象组合而
成,淡淡地印在盒面上,在字体和
圆色块上用了专金 + 烫金的工艺,
使整个包装呈现出材质的层次感。

创意总监　　林韶斌
客服经理　　吴玉霞
执行设计　　蔡贤淇

汤达人大大杯

统一企业旗下的汤达人早已经深入人心，在同价位市场上保持着稳定的销量，在此同时推出了大大杯系列产品，以满足需要更大分量的消费群体。设计上需要保持汤达人原有的品牌识别，突出大大杯的属性。

开小灶 × 中国国家地理 ②

开小灶与中国国家地理合作的联名包装。产品选用了地方特色口味，设计需要将每个地方的景色特征表达出来，从而体现出中国地理的品牌形象。

设计上，将每一款食材与所在地的风景特色相结合，将中国国家地理的标志（一个像窗一样的红框）结合到包装上，同时这也是一个可以撕开翻阅的窗口，翻开后可以看到实际中的风景图片及相关的文字表述。

林韶斌品牌设计·深圳

① 创意总监　林韶斌
　客服经理　吴玉霞
　执行设计　周挣智
　完稿制作　吴敏佳

② 创意总监　林韶斌
　客服经理　吴玉霞
　执行设计　张嘉文　周洁　周挣智
　　　　　　陈晓璇　吴敏佳
　完稿制作　吴敏佳

福花高级蛋糕粉

福花是山东鲁花集团旗下品牌。山东鲁花集团有限公司位于山东省烟台市莱阳市，是一家大型的民营企业、农业产业化国家重点龙头企业。包装画面的创意是用面包及蛋糕巧妙地组成高山云雾，代表着本产品是具有中国文化精神的产品。

鲁花荞麦面条 2

鲁花荞麦面条主要受众是热爱运动及健康饮食的人群，设计将农场、荞麦植物、运动员等元素结合在一起，为包装创作出精美并且独特的插画。局部的碗形做了透明处理，让消费者可以清晰地看到面条。

林韶斌品牌设计·深圳

1 创意总监　　林韶斌
　　客服经理　　吴玉霞
　　执行设计　　蔡贤淇

2 创意总监　　林韶斌
　　客服经理　　吴玉霞
　　执行设计　　蔡贤淇　张彬彬

满汉大餐 ▮

满汉大餐是由统一企业股份有限公司推出的一系列面食产品。该产品保证不添加防腐剂，有多种口味，它的特点是里面真的有肉。如今满汉大餐早已进入消费市场，本次新推出的项目设计是针对煮面系列，其中有代言人版本和常规版本两款。

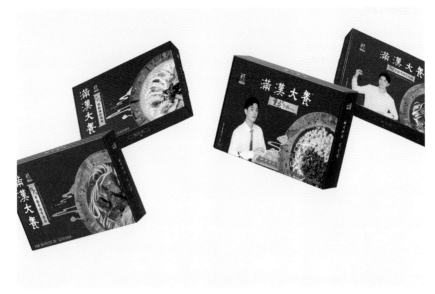

QQ 浏览器 × 百草味 × 阅文集团《书味阁》 ▮

这是由腾讯 QQ 浏览器发起，联动阅文集团和百草味的跨界营销，借助小说 IP 名称谐音，延展出同款零食礼盒。

外盒设计上，是一个古时书屋的形象，点缀着祥云、麋鹿等传统吉祥纹样，古风十足。打开门闩，敞开两扇盒门，里面是一个内嵌式古风书架，5 个热门小说 IP 零食书盒并排立体放置，用户可任意抽取喜欢的"小说礼盒"享用，这是一个趣味十足的交互体验。

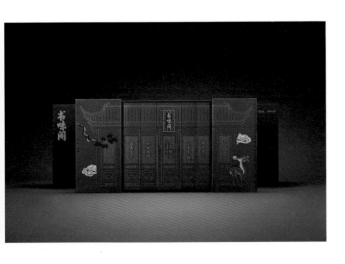

1	创意总监	林韶斌
	客服经理	吴玉霞
	美术指导	蔡贤淇
	执行设计	周挣智
	完稿制作	吴敏佳

2	创意总监	林韶斌
	客服经理	吴玉霞
	执行设计	蔡贤淇 张嘉文 周挣智
	完稿制作	吴敏佳

八马美满茶礼

"美满"一词寓意幸福美满、称心满意。同时谐音"没满"，有越来越好之意。在包装上使用鲜活热情的橙色作为主色，代表着花开富贵、福禄双全、喜上眉梢、年年有余、财源滚滚、和和美美、金桂飘香、玉兔捣药、花前月下等吉祥寓意的场景构成了一幅精巧的画面，围绕着一轮满月。在重要节日用美满茶礼将人间美好的祝愿都寄予所爱之人。

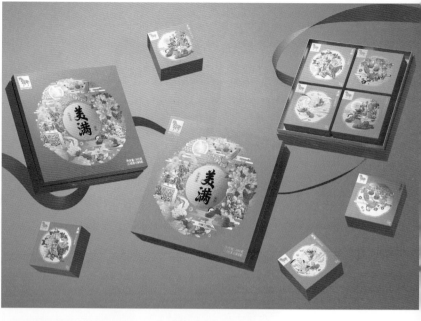

八马旭日东升茶礼

包装将浑厚的中国书法与泰山日出的插画结合。12道芒纹构成同心圆，象征着一年之中的12个月，旭日的光线，环绕太阳的4只神鸟图案象征着春、夏、秋、冬，而神鸟首尾相接向着同一个方向飞翔，代表的正是四季轮回；内罐方身圆罐、海浪托举太阳，是海水朝日的寓意。开启方式上也有中国式层层递进、拨云见日的独特体验。包装整体独具中国美学和中式祝福，代表收到礼物的人会和礼物的寓意一样，事业、生活越来越好。

八马茶业·深圳

①	设计主管	汤盛行
	插画设计	杨海辰
	研发经理	丘宝辉
	研发总监	杨金飞

②	设计主管	汤盛行
	研发经理	丘宝辉
	研发总监	杨金飞

八马大展宏兔 ❶

大展宏兔是一款兔年生肖白茶。设计使用超现实主义的象形概念，描绘了一只"飞兔"翱翔在白色茶丛与花丛之中。表达了在新的一年里会有一个良好开端。兔嘴衔茶，代表了幸运兔向消费者提供珍贵茶叶的友好态度，传递出美好的祝愿。

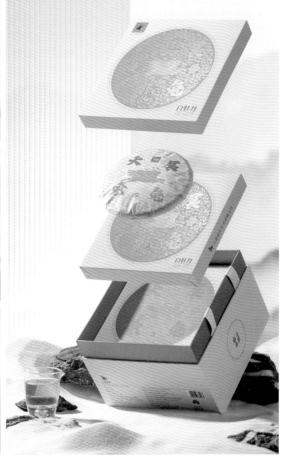

八马碧螺春 ❷

八马碧螺春以鲜明的绿色，展现绿茶的品类特征，以品牌的超级符号为视觉中心，底部是有原产地特征的插画。产品信息层次明确、清新雅致。

1	包装设计	陈义文
	插画设计	干丁哲
	设计主管	汤盛行
	研发经理	丘宝辉
	研发总监	杨金飞

2	设计主管	汤盛行
	插画设计	杨海辰
	研发经理	丘宝辉
	研发总监	杨金飞

神仙泉 巴马天然矿泉水

该包装以绿色做背景结合深岩层溶滤实物图，直观展现原生态水源地矿物质的天然丰富，透明竖条纹瓶型折射出晶莹剔透的原生态矿物质水质，呈现纯净与奢华品质，受到年轻、健康、时尚的消费群体喜欢。

露露 巴旦木巧克力奶

艺术性、趣味性、年轻化的"巴旦木"视觉符号，直观感受"植物基"概念，贯穿"好奶，来自植物基"的产品定位，手绘的表达形式强化艺术性和高级感，趣味性的视觉语言赋予年轻态、个性化的产品形态。

1 2 正解包装设计团队

鲁花 零添加酱油

从产品特点"零添加"入手，放大数字"0"，让这一符号成为强烈的视觉识别点。以金色字体搭配清新自然的绿色，给消费者带来别样的"新鲜感"。整体包装风格简洁大方、自然纯真。同时具备强烈的陈列优势，有助于吸引消费者注意。

ZERO%
ADDED SOY SAUCE
零添加酱油

#REAL 0 ADDED
真正{零}添加
>>> 原酿本味

★（物理压榨）
TRUE ZERO ADD. ORIGINAL BREW

正解包装设计团队

潘虎设计实验室·深圳

为美唯真 越己悦人

转眼 10 年，创立实验室的日子仿佛就在昨天。过往像一把尖刀，把经验深深地刻进了我们的心里。今天，我们依然在为更美奋斗，为真实奋斗，为超越自己奋斗，为愉悦观者奋斗。

其实我喜欢有人评论我：像农民一样的度日，日出而作，日落而息。我喜欢在自己的领域里慢慢地耕耘，我有欲望，但这欲望又是可控的。作为创作者，我始终坚信灵感是上帝赐予我们的礼物，第一灵感永远最真实且宝贵。我往往会把最多的时间精力放在第一灵感方案的实现上，极少数的情况下它们会被推翻或证伪。基于此，在绝大多数的时候，合作方对我提交的第一稿方案表达高度认可，且全力推动实现量产。不得不承认，我自己也觉得我的真实多少夹杂了些许幸运。在极少数的情况下，我和团队会被迫走到第二、第三轮创作环节。我尽量不让自己陷入这种迷茫中，保持中立、单刀直入、开门见山，用设计来解决真实存在的问题。我不希望自己过于高瞻远瞩，仅仅希望我所设计的作品，解决当下或近阶段的问题，它们可以是客户真实的需求，是消费者真实的需要，是我自己真实的表达。

历经 10 年的发展，我们的实验室明确了唯一的价值观——"一切只为追寻行业高度和商业价值而设计创作"。换言之"为美、唯真、越己、悦人"。

—— 首席设计师 潘虎

今麦郎 今矿

在中国饮用包装水市场中，高端天然矿泉水的价格一直居高不下。客户希望设计生产一款天然矿泉水并以普通纯净水的价格销售。在低价市场形成品质上的降维打击。

设计的灵感来源于这个世界的"bug"——完美层流现象（当水分子沿同一方向，慢速且规律地流动，就会形成看起来好像完全静止的水流）。而今矿的瓶身造型设计正是呈现出这种打破运动与静止之间界限的作品。瓶身上的线条自上而下，由密到疏，仿若一簇流动的泉水。美观的同时也是瓶身天然的加强筋。同时曲线的起伏也可以更好地贴合手掌，营造更舒适的握感。

设计师希望打造一个既有独特的高贵气质，又有大众消费品的舒适感，以及向全世界传递中国文化的产品形象。瓶身的标签则主要展现汉字之美，体现出品牌内涵里中国文化的自信。使用共用笔画的技巧，巧妙地将品名"今"和"矿"两个宋体汉字结合在一起。形成产品独有的视觉符号，同时还保留文字的识别功能。

原创设计　潘虎
执行设计　肖龙飞
工艺设计　谢章坤
视觉呈现　伍娟娟
项目管理　通通
媒体关系　向伶俐

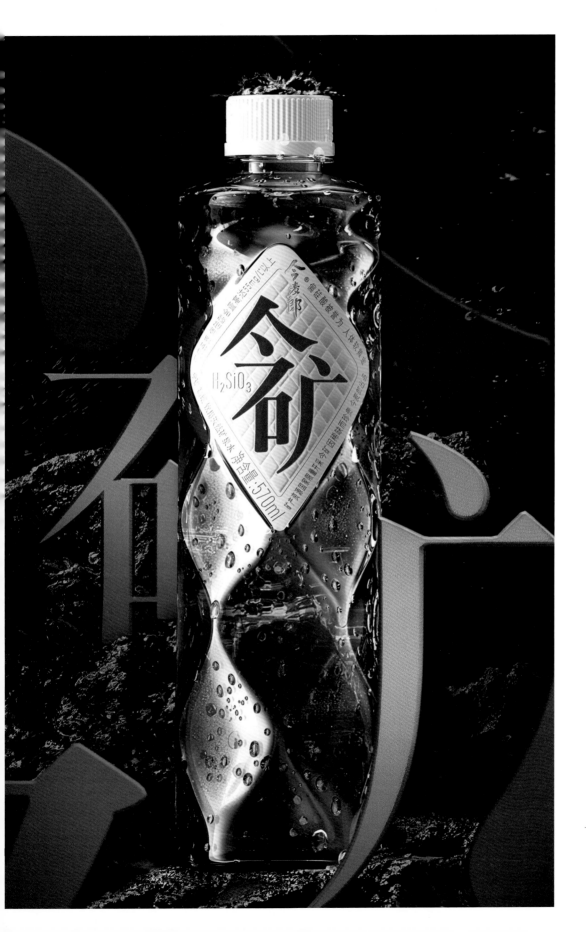

凉白开风生水起系列

这款包装设计的挑战是为中国对外国际会议打造一款中式经典饮用水，将中式"人间烟火气"文化推向世界。

设计师的创作灵感源自北宋张择端的《清明上河图》，集中描绘 12 世纪北宋全盛时期汴京人民的生活风貌。相比其他经典画作都在描绘神鬼、贵族等题材，《清明上河图》作为风俗画的代表，描绘了当时人民群众的真实生活，满屏人间烟火气，直抵人心。

设计用十二时辰分别对应画卷中十二处经典局部，以连载的方式创作了十二款独有的瓶身，以画卷中的"上土桥"为中心，向两边发散，组合成子、丑、寅、卯、辰、巳、午、未、申、酉、戌、亥十二瓶；每一只瓶子都对应一个时辰；每一幅画面都有你、有我、有生活。瓶型部分，表达了一个有温度的小方瓶，以热水瓶（暖壶）为灵感，与内容联想更近，热水壶作为家家户户的生活必需品，更具温度感；椭圆裁切外形结构，强化品牌的外形认知，保持着最佳握感。

原创设计　潘虎
执行设计　夏雪丹
工艺设计　谢章坤
插画表现　易萍
视觉呈现　伍娟娟　马超
项目管理　通通

设计师对于椰树的设计风格与瑞幸如何结合做了广泛的研究与尝试后，最终合作创造了瑞幸椰云拿铁：五彩斑斓的大字排版，自带话题WORD风设计。

它于 2022 年 4 月 11 日推出，杯套和纸袋，在社交媒体上迅速走红，许多人评论说，他们喜欢这种"土潮"的包装风格，打破了消费者对椰树的"土、丑、俗"等标签的贬义认知，形成更多元的标签，转变为"土到极致就是潮、时尚单品、好玩个性"等标签。常常在说设计的影响力究竟在哪里，可以完成什么样的商业转换。根据瑞幸咖啡连锁店发布的官方数据，椰云拿铁在销售的第一天和第一周分别售出了 66 万杯和 495 万杯，销售总额破 8100 万元，单月销量 1000 万杯，一年销量 1 亿杯。他们几乎用完了杯套和纸袋，并决定免费分享设计的源文件。在分享的几个星期内引发了全民的自发性设计参与，很多人对包装进行了自己的"创作"。加入了大众的创造力和想象力，让它从一款设计变成了无数款设计。

原创设计　潘虎
工艺设计　谢章坤
视觉呈现　伍娟娟
项目管理　彭磊
媒体关系　向伶俐

今麦郎 拉面范系列 1

如何塑造更具真实意义的方便面品牌，摒弃传统方便面行业"图片仅供参考"的不实宣传？产品包装成为解决这个课题的特殊手段。灵感源自招财猫的美好形象，在表现财富和招徕客人的同时，更是对热衷美味食物的理想与追求。设计师潘虎将其设计成呆萌的 IP 形象，与更多的年轻消费者进行对话；字体以店招风格展开设计，呈扇形外观，配合在字体间穿梭的线条，形成独特的拉面感；盖碗型结构配合盖沿部分的红白双色粗条纹，形成独特的形式感与装饰美学，让产品实现"十米开外的识别"，在货架里做到超强的辨识度。

汾酒 53 度 2

量大，挑战更大？设计师的创作灵感来自村口古井亭子上瓦片的起伏形状。每当雨季来临，雨水顺着屋顶的瓦片散落下来，滑落屋檐，连珠成线，散落大地。提取出雨水的运动轨迹，抽象概括成一条条优美的曲线，将这些曲线结合玻璃工艺来表现，增大产品在手中的摩擦力，使用起来更加稳定和舒适。标签设计应用山西民间独有的剪纸风格，以中国传统图案的如意造型作为酒标外形特征，让人在更远的距离就可以发现它。

1	原创设计	潘虎		2	原创设计	潘虎
	执行设计	肖龙飞			执行设计	肖龙飞
	工艺设计	谢章坤			工艺设计	谢章坤
	视觉呈现	马超			视觉呈现	伍娟娟　马超
	项目管理	通通			项目管理	通通
	媒体关系	向伶俐			媒体关系	向伶俐　唐澜菱

卡姿兰 千金口红 ①

时尚彩妆品牌卡姿兰诞生于 2001 年，消费者对于卡姿兰口红的记忆是几近模糊的。如何在同质化严重的美妆行业脱颖而出，成为本次产品包装升级研究的课题。灵感源自"时之沙"沙漏，冻结时间，涂上口红时冻住时代女性最美、最自信的一瞬。以解构主义时间艺术，展现丰富多面的变化性，形散却意聚、矛盾却规整。外表是极简光滑的亚克力，将尖锐复杂的方块藏在内部，几何解构和流线形态的工艺切割，突破了国内现有的工艺技术，构成光影立体造型。透过光线形成面与面之间的转折折射，无论以何种角度观看，都能展现高光美，照亮自己的美，是流光溢彩般的闪耀。

瑞幸花魁 5.0 ②

灵感源自神秘性感的东非"黑美人"。在非洲，黑色早已成为神秘的象征，代表着专业与未知的神秘，亦如咖啡豆中的花魁。用超现实主义的插画形式表现自由奔放的黑美人穿梭花丛的景象，代表鹿与性感的黑美人对自然的想象。将对称美学运用到包装的正反面，体现了平等、自由、相互协调的特性。这是一种跨越地域和民族的审美桥梁。将数字"5.0"切割摆放于主展示面的两边，形成拼接元素，无限陈列秩序之美。每一个热爱咖啡的年轻人，或许对于埃塞俄比亚出产的咖啡豆都有着与生俱来的熟悉感，然而绝大多数人却未必身临其境地感受过来自当地的诱人风貌。这为本次创作留下了足够的想象空间。

潘虎设计实验室·深圳

① 原创设计　潘虎
　执行设计　王亚辉
　工艺设计　谢章坤
　视觉呈现　伍娟娟　马超　朱玉玲
　项目管理　通通
　媒体关系　向伶俐　唐澜菱

② 原创设计　潘虎
　执行设计　江志意
　插画表现　易萍
　工艺设计　谢章坤
　视觉呈现　朱玉玲
　项目管理　彭磊

醴道纯米酒

醴道作为一个中国传统米酒新品牌，客户通过包装塑造对纯米酒的感知，唤起对乡村和传统农耕方式的记忆。瓶子的设计以新收获的"稻谷""传统牛耕"作为灵感元素，寓意这款酒由纯大米酿造而成。

深圳 BOB 设计团队

深圳 BOB 设计团队

天馥黑松露腊肠

设计师将黑松露切面纹理与小猪的造型完美结合，用包装成功塑造了一个黑松露腊肠的超级 IP，包装即品牌，且可以伴随品牌终身。若干年后一定可以成为重要的品牌资产之一，同时每款产品包装上都隐藏了不同数量的小猪，在营销活动中发起找猪游戏，从而带来消费者与品牌的互动。来，试试您可以发现多少只小猪？

375

包装设计对一个企业来说，绝对是"一把手"工程，因为没有产品，你的品牌跟消费者就不会有关系。消费者对品牌的第一感知就是产品包装。

包装设计是一门系统的学科，上要考虑品牌战略，传递品牌价值；下要考虑渠道流通、市场销售，同时指导生产，让产品兑现包装的承诺。很多企业对包装的认知还是片面的，认为包装就是个好看的盒子，或者将"卖货的就是好包装"作为对包装唯一的评判，这样的思维局限促使很多品牌的包装容易追随潮流，潮流一过，包装就显得过时了。这就能回答，为什么有些品牌过了几十年，产品越来越经典；有些品牌，几十年有几十个产品，没有一个能扛起品牌大旗的产品。

包装设计要考虑卖货，同时还要考虑品牌资产，设计的每一个动作都在不断地积累品牌资产，这才可能成就更多有价值的品牌，使之成为百年企业。

对包装设计师来说，最大的荣耀不是服务了多少世界500强，拿过多少大奖，应该是帮助了多少企业成为500强，助力了多少品牌健康成长。

—— 智晓波

野山小村牌越光米

"把论文写在大地上，把成果装进档案里"，这是对农业科学家的最高褒奖。所以 BOB 决定从档案袋入手，用简单的材料表达重要的设计理念。越光米是由赵亚夫先生培育而出，因此以赵老的 IP 形象为包装设计元素，强化品牌特色基因，加入了生态劳作、飞鸟、水稻等画面元素，描述了一粒大米的生态世界。

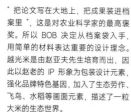

深圳 BOB 设计团队

MY TEA
MY BOOK
好茶在山里，好茶也在书里
慢下来，有书有茶有时间
from 布朗山 普洱茶 275 克

有书有茶 -"阅"来"阅"好

这是一款中国茶，中国茶有深厚的文化底蕴，中国文化也博大精深，茶书的设计把茶与书融合，在快节奏的生活里慢下来，享受好茶，享受阅读，享受生活。以书籍为茶产品包装盒的设计原型，营造"书茶一体"的氛围，充分展现"有书有茶"的品牌形象。利用多层次覆盖的纸，打造立体视觉上的"山脉"，多重山脉组合营造了书籍翻页的感觉，也蕴含着"好茶产自深山"的产品寓意。简洁的文字排版，配上线条勾勒的道路和人物元素，营造了翻阅书籍、穿越深山、探寻知识、寻找好茶的产品意境，强化用户的交互体验。十年树木，百年树人。人生的成就源于知识的储备，而大树的果实则取决于根部养分的汲取。好书是人生知识的养分，好茶是美好生活的养分，有书有茶，方能"阅"来"阅"好。

377

醒狮品牌·深圳

善池"百善款"白酒包装

全新打造的瓶型设计，天圆地方的
瓶身，以及深黑色的金属磨砂漆喷
涂，体现出一种厚重与威严感。一
百多个"善"字做成金色烫金纸，贴
满瓶身，金色与黑色交相辉映，华
丽与厚重互为衬托。以"善"字为核心，
呼应品牌名称——善池。

醒狮品牌·深圳

醒狮设计团队

宝洁前 CEO Lafley 曾说，赢得消费者，只有两个关键时刻：第一个是当消费者选择购买产品的时刻；第二个是当消费者使用产品的时刻。包装贯穿于这两个重要时刻，重叠于选购和使用过程中，为消费者提供双重体验。值得思考的是，大多数时候人们将包装设计归于视觉应用及传播的范畴，但事实上品牌寻求包装解决方案时，大多数时候并非单纯基于视觉或美学层面产生的决策，而是伴随产品及品类发展，或市场、销量发出问题警告。包装的呈现忠于美学和形式感，但思考更应始于人文环境和商业竞争。不同品牌所处发展阶段不同，所面临的市场问题和解决方法也不同。包装设计需要站在立足于竞争和发展的维度，提出最为合适的解决方案。

—— 品赞团队

品赞设计·深圳

金典鲜牛奶

2022 年中秋国庆双节之际，金典鲜牛奶携手敦煌画院，以"国之经典，鲜活传盛事"为主题，用金典致敬经典。创作从敦煌壁画中获得灵感，灵动的瑞兽"九色鹿""翼马""青鸟"在中国传统文化中代表着吉祥美好的寓意；古典的飞天飘带采用现代潮流的新式设计语言演绎，经典与时尚碰撞出具备张力的灵动视觉。通过对形态的再塑造融入开拓进取、无惧挑战的时代精神，进而丰富品牌内涵，形成金典鲜牛奶专属的品牌印记。

品赞创意团队

每益添小白乳

每益添小白乳突出减糖、零脂肪、更健康的产品特性，独特的视觉符号及撞色的色彩搭配时尚且具备"清爽"的直观感受，整体传递出品牌核心内涵并具备独特差异。新口味小青柠白乳上市后，系列产品凭借清爽的口感和清新的设计风格深受消费者喜爱。

品赞创意团队

Qian's Gift Hpp 有机胡萝卜汁

全球趋势下的无标签设计，如何解决产品表达、竞争优势转化和商业信息传递的问题？Qian's Gift Hpp 有机胡萝卜汁给出了答案：用让消费者直观感知的沟通方式表达品牌和品类，用极致简洁的设计语言传递价值。该设计获得了德国红点及 iF 双项设计大奖，推动前沿的环保理念在消费场景中的实际运用。

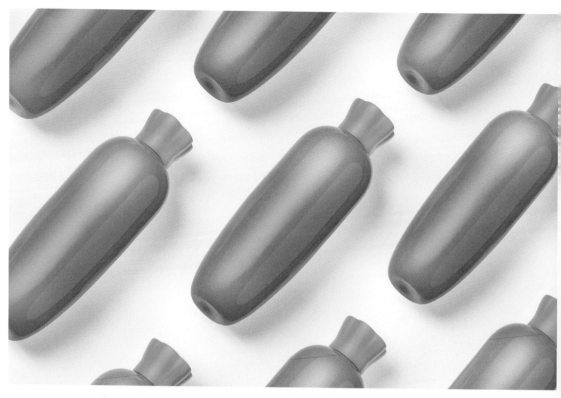

品赞设计·深圳

382

品赞创意团队

小植大养

小植大养是新型植物蛋白饮料品牌，秉承健康又好喝的品牌初心，在传统"中医植物学"中找到了配方健康、口感良好的解决方案。放弃了在产品特征上寻找卖点，从目标消费者崇尚的价值观和生活态度中寻找情感联结的机会。目标消费者们爱好多元、兴趣广泛，所以拒绝被限定，"≠"是他们的性格图腾。这一观点提炼成目标受众与品牌初心——"健康≠难喝"的情感联结。设计以极简的欧普艺术风格改造"≠"符号，构建出独特的品牌核心记忆点和品牌态度。让小植大养从众多植物蛋白饮料品牌中脱颖而出。新包装上市一个月后在原有市场获得了 500% 的增长业绩，为下一步新市场的开拓增加了信心。

品赞创意团队

尊尼获加 情出于蓝

金兰相契，以独特的中式美学虏获消费者的心。金兰，在中国传统文化语境中意为情意深厚、相交契合。以金色喷砂的兰花为瓶身基本元素，绘制出明月幽兰，取"金兰相契"之情。同时，礼盒包装设计为窗格样式，寓意"开封见情"，情意绵长。

品牌方　尊尼获加 Johnnie Walker
策划　　Art2gether
原创　　木头猫 疯子木

作为商业插画设计师，面对飞速进步的时代和科技，我的
创作原点始终来源于中国传统文化。研究东方传统美学与当
下审美的碰撞，探索"与古为新"的表达方式，传递直击人心的
审美需求。

—— 创始人 疯子木 Ofen Hu

可口可乐 亚太地区兔年特别款

考虑到要满足亚洲不同地区的审美
和多样的文化归属感，从过年希望
团聚的愿景出发，描绘可爱而有代
表性的兔子家族。以家族成员不同
的身份和个性，构建出生动形象的
温馨家庭。

木头猫插画设计·深圳

品牌方　　可口可乐
营销活动　OpenX 奥美上海
插画视觉　木头猫插画工作室

市场同质化竞争越演越烈。行业生态的演变、企业品牌的混战、消费市场的升级、人才技术的迭代等加速各行各业进阶发展，创新性思维成为行业突围的重要因素。

创新是消费产品的灵魂。垂直领域的行业市场越来越透明，立足于品牌创新才可能占据发展先机。当下众多品牌主动拥抱年轻市场，颜值经济、悦己文化、时尚尝鲜等关键力量促使市场焕发不同于以往任何消费时代的光芒。这为新老品牌们提供绝佳的"上岸"机会。

品牌是什么？它不单是一个 logo、一个包装、一句广告口号，它是企业立足于消费趋势和市场竞争所建立的一套科学实战体系。

在水一方基于实战经验，建立并自主完善了一套"WATERFRONT 品牌方法论"，重点围绕品牌心法、实战工具及价值杠杆架构出全案品牌系统。以品牌心法全方位纵深视野，从市场舆情、比较优势、焦点锚定和私域化价值四大维度系统化筑基，科学构建高溢价品牌基础。协同引进整套实战工具，赋能品牌创意壁垒、氛围体系、超级视觉锤等核心溢价力。价值杠杆基于品效矩阵、流量引擎以及圈层辐射等支点撬动品牌市场，实现品牌影响力和竞争力的战略性渗透，助力品牌扩大市场版图。全盘式战略高维布局，决定着品牌大厦能否屹立于市场而不倒。

—— 创意总监 Devil

宝宝树

立足于品牌 IP 化思维的演绎，宝宝树建立了专属的 IP 形象体系。以契合于当下消费趋势的 3D 化形态 IP 形象，提升产品关注度及互动性，搭配高精细度的 IP 场景构建，确立宝宝树品牌产品的视觉特色。个性化 IP、沉浸式场景，精准直击新生代母婴消费层，打造高价值的品牌产品形象。

爱舒柔

针对性完善品牌体系化构建，确保产品家族的系统性视觉呈现。爱舒柔明确海天蓝的品牌主色和爱心状超级符号，并基于各个产品系列特征加以延伸，形成极具系统性和认知度的视觉体系。构建具有实用价值的视觉标签，以独特的品牌个性脱颖而出，缩短消费者的认知决策时间。

猫里奥 风味曲奇

基于猫里奥的品牌属性，提取最佳的 IP 形象代言人角色，并利用 3D 化工具实现创意兑现。根据休闲零食产品的市场趋势，考虑产品颜值和工艺呈现等要素，有效完成对产品体系的建立。从色彩质感、画面冲击力、包装话题度等层面综合处理，最终形成具有差异化竞争力的品牌视觉价值。

1 2 创意总监　Devil

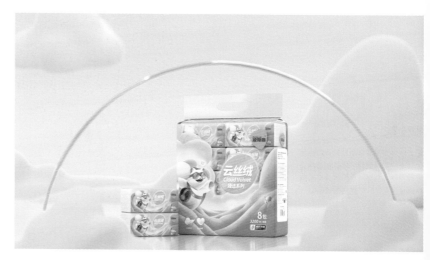

波斯猫

在萌宠潮流盛行一时的背景下，波斯猫品牌具有显著的先天优势，既能够快速与新一代年轻消费者取得共同话题，本身也利于在产品定位和呈现上进行宣导。作为具有一定品位的生活用纸品牌，波斯猫主动做出改变，以更富年轻化、社交化、生活化的姿态重新走入消费市场，成为区域市场中有力的竞争者。

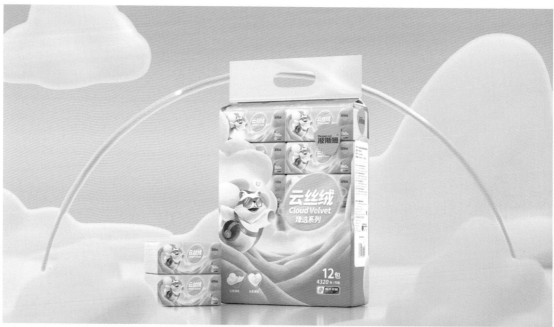

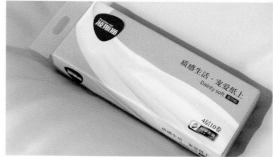

在水一方·汕头／广州

388

创意总监　Devil

丽邦

建立现代高品质纸品牌，主动紧跟国际主流设计风格，结合品牌产品特性和品牌诉求，呈现更具品质感的品牌形象，有效完成市场及品牌营销。

在水一方·汕头／广州

389

创意总监　Devil

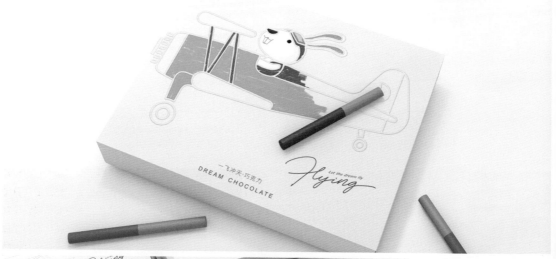

一飞冲天·巧克力

本创意全程以低碳环保材质进行融合创作，包装打造玩味互动性的产品主题。整个包装可拆解为放飞的竹蜻蜓、DIY 蜡笔绘图，让孩子在品尝美味的同时也拥有 DIY 动手能力，同时也深刻植入环保主题，让孩子在玩乐中学习，在互动中体会到一份责任。

创意总监　何锦涛
设计师　　陈方桂
插画师　　张淑英
渲染师　　张雪婉

镇龙泉 天地无极 乾坤借法

该设计采用塔的概念来进行创意，三个独特瓶型的酒叠加成一个塔。在中国有"无三不成宴"的说法，在其中"三"寓意着多的意思，三两好友，共饮美酒岂不美哉。瓶子盖顶坐着在冥思打坐之人，寓意着酒不只消愁，还更应该通过品酒来自省。

大天朝品牌策划·汕头

在疫情影响下，消费者需求和行为不断发生变化，对设计公司提出了更高的要求。因此，设计公司需要及时调整自身定位，提供更全面、专业、细致的设计方案，以满足客户需求。在这个过程中，设计公司需要借助技术和服务的支持，站在市场和行业前沿，积极探索创新。其中，AI技术是设计公司的一个重要助手，它可以提供更高效、精准以及个性化的设计服务，满足消费者的多样化需求。通过对消费者需求的深入挖掘和分析，AI技术能够准确预测市场趋势，为企业提供更合适的设计方案。此外，优质咨询服务也是设计公司提高服务质量和品牌效益的关键所在，它能够让企业更好地应对市场变化，推进长期发展。设计公司需要不断磨炼自身专业素养和创新能力，通过升级服务模式和真正实施转型，才能在激烈的市场竞争环境中获得更多的优势和机会，实现可持续发展。

—— 大天朝品牌策划 何锦涛

创意总监　何锦涛
设计师　　陈方桂
渲染师　　张雪婉

做对点比做多点更加重要。

在物质并不匮乏的当下，用户更趋向于选择他们所信任的品牌，于是品牌之间的差异性显得尤为重要。

包装作为品牌之间差异性的体现。包装设计看似是一种感性主观呈现方式，实际上需要以缜密的理性思维与市场洞察力作为基础，才能将丰富的创意赋予在品牌包装上。

"只做对的，不做多的。"这是我们的坚持，从未动摇过。多年来，匠心创作此初心不变，一个提案的原则也没有变。因为我们坚信做对点比做多点更加重要。

—— 沈佳霖

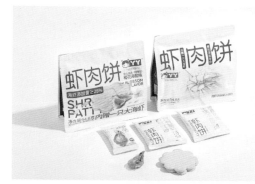

丫丫 - 虾肉饼

两面性的画面输出，更适配渠道商的选择。以比例图的形态进行虾肉含量的诠释设计，更充分地体现产品卖点。挤破袋子的创意画面，强调产品内含真虾。放大虾肉饼，强化虾肉饼与"丫丫"的关联性，用创意更好地诠释产品。

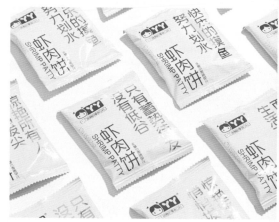

策划　沈佳霖
设计　林泽莲
摄影　林洽

潮巴爷 - 清爽虾片 ❶

品名即定位,区别于其他同品,清爽
——更无负担——上火程度低。整体
包装传递出清爽的品牌情绪。

麦语焙贝 - DIY曲奇 ❷

DIY 曲奇不是只针对儿童的产品,还
可覆盖性地捕捉到童心未泯的成年
人。在实际用户与购买用户模糊无分
界的场景里,采用可玩性的包装形式
搭配跨年龄段的配色与设计,让用户
与品牌之间不产生阻隔。

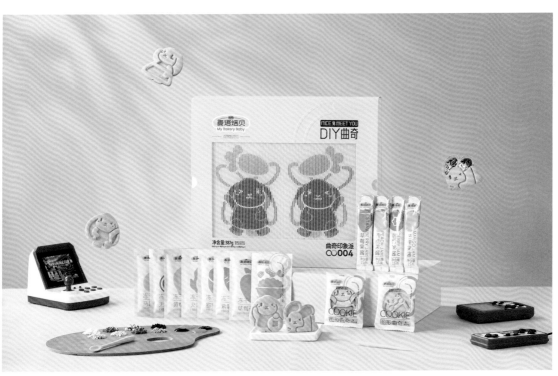

1　策划　沈佳霖
　　设计　张伟雄
　　摄影　林洽

2　策划　沈佳霖
　　设计　林泽莲

白沙溪 - 三五知己茶 ①

多品种黑茶包装。在市场普及度不高的黑茶领域里，以品鉴装的形式搭配老友聚会品茶的用户需求点，让小众茶走进大众领域。

可若奇 - 圣诞巧克力 ②

圣诞节，雪地，圣诞老人，12点送礼物，圣诞节充满聚会的气氛。包装上用孤寂感衬托团圆的温暖。在雪地中的一束聚光灯打在巧克力上，聚会的音乐在此刻响起。

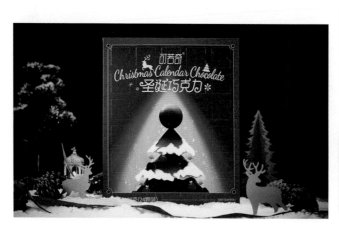

匠心人品牌策划·汕头

① 策划　沈佳霖
　　设计　张伟雄
　　渲染　张伟雄

② 策划　沈佳霖
　　设计　林泽莲
　　摄影　林怡

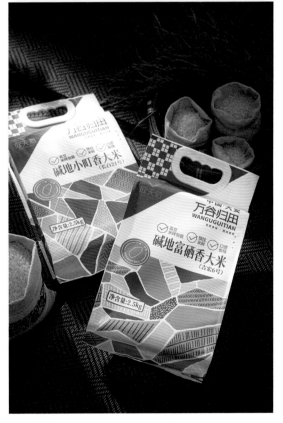

云边野铺 - 5cm羊肚菌

"5cm 羊肚菌"用标准易懂的语言让
用户明确羊肚菌的差异性,个头大、
肉质好、标准高、更加有保障。大
而标准,符合用户对羊肚菌选购的
原始需求。

欣天宏 - 万谷归田大米 2

用艺术稻田的形式提升品牌质感的
同时,解决用户在终端陈列上的审
美疲劳。设计不只解决产品流通的
问题,还需要考虑品牌给予用户的
精神满足。

1 策划　沈佳霖
　 设计　张伟雄
　 摄影　Mankei阿奇

2 策划　沈佳霖
　 设计　林泽莲
　 摄影　为之映像Eric

ZEITGEIST COFFEE FACTORY MUSEUM

时代精神 咖啡风味 博物馆

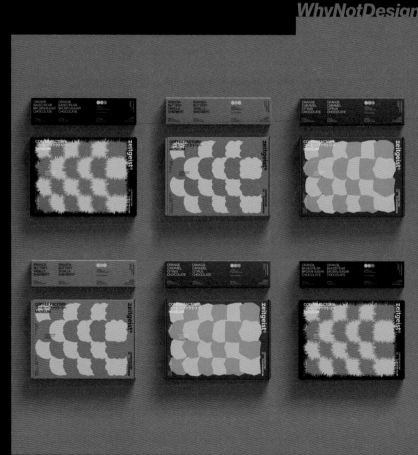

时代精神咖啡工厂博物馆

由于品牌对快速识别的需求，设计上摒弃了传统的设计思想，实现了二次包装的主要设计。它允许消费者快速识别众多包装中的时代精神产品，同时也锁定了消费者会基于不寻常的颜色选择咖啡豆进行品尝。因此，在设计目标清晰的前提下，旨在传达出精品咖啡的时代精神。平面设计和文字排版让消费者进一步了解手中的产品。

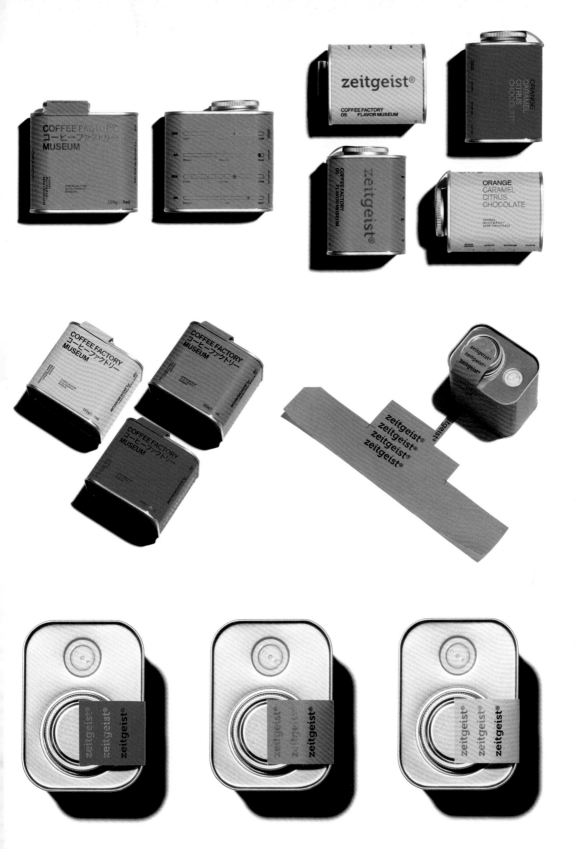

小贴士
茶包

THE
TEA
TIPS BAG

The Tea Tips Bag 小贴士茶包

茶叶小贴士希望帮助消费者保持日常饮茶习惯，用"THE"来强调产品，每一袋茶都值得称为"THE"，每一袋茶都值得强调，它值得在消费者的日常生活中发挥重要作用。设计师采用非常平面化的字体设计，使品牌名称呈现出整洁的几何轮廓，从而达到使标志易于识别和记忆的象征意义。

同质化批量生产的时代已经过去，现在的消费者更注重个性化和体验化的消费方式。美学经济的崛起，促使品牌在细分市场中寻求差异化和个性化的表达，而包装设计则是联结产品和用户审美的重要纽带。

在 WhyNotDesign，我们重视与团队、合作伙伴的深度合作，这是我们创意过程的核心。我们运用我们的洞察力、想象力和创新力，创造出有影响力的作品，不局限于传统的设计范畴。

我们相信，知识和好奇心是变革性设计的基础。我们利用这些要素来塑造品牌，这些品牌不仅令人印象深刻，而且能够带来有意义的改变，并引领企业走向更美好、更深刻、更激动人心的未来。

我们把自己看作变革的推动者，致力于推动设计行业的进步。我们的目标是创造有社会责任感的作品，挑战既有的模式，促进积极的变化。通过与我们合作，您可以期待超越平凡的设计体验，并获得对您和世界产生积极影响的卓越成果。

—— 何宇轩 He Yuxuan

何乐不为设计（WhyNotDesign）· 深圳

哲学 之 路
PHILOSOPHY ORIENTATION CHOCOLATE

哲学之路黑巧克力

哲学之路黑巧克力是一款品牌名和产品本身强相关的产品。黑巧克力由于其高纯度的可可含量，味苦，但口味层次丰富。包装根据可可浓度不同变换灰度和箭头粗细，又寓意在哲学之路上前进的人生，褪去糖衣，回归真实的"大人味"，在生命旅途中求索真理，苦苦探寻。

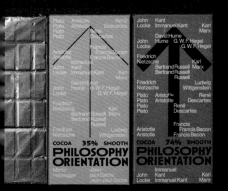

399

再造"老包装"

老包装升级再造，刻不容缓！

老产品比新产品更有价值。

开发新产品丢掉老产品，得不偿失。

成熟的品牌是文化价值的传承、视觉符号的延续。

优化老包装从视觉符号开始。

老包装的缺点：工艺粗糙，品质感差，缺少新鲜感，跟不上潮流。

老包装的优点：历史传承，品牌资产，有品牌认知度，可节省传播成本。

1. 挖掘文化价值；

2. 注入品牌灵魂基因；

3. 提炼视觉符号记忆；

4. 为传播节省成本；

5. 让产品自己说话。

符号创意机构 · 深圳

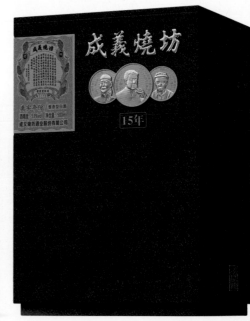

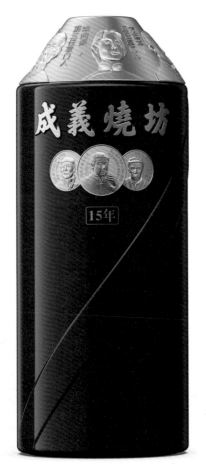

酒精度:53%vol 净含量:500ml

成义烧坊酒业股份有限公司

成义烧坊年份酒

2022 年 6 月，成义烧坊酒业股份有限公司委托深圳符号文化创意有限公司创作"成义烧坊年份酒"系列整体包装设计任务。酒体年份真实，由国家资质机构鉴定出证。符号创意机构大胆创新使用"一体瓶型"，思路来自民国时期老酒泥封瓶，盖身一体，具有艺术性，是目前酒行业一大创新。

顶盖是成义烧坊四代掌门人浮雕头像，体现了历史的传承和真实年份，同时彰显产品曾荣获巴拿马金奖。体现了一代代匠心精神，传达年份真实感。瓶型采取高温陶瓷结合金属浮雕盖增加品质感，同时也增加客户旋转开盖的体验感，也是一款收藏品。整体设计传承与创新和谐共存，与产品守真契合。

创意总监 　吴传辉
执行总监 　叶春艳
插画 　　　杨道正
设计 　　　吴传辉
效果 　　　董春雯

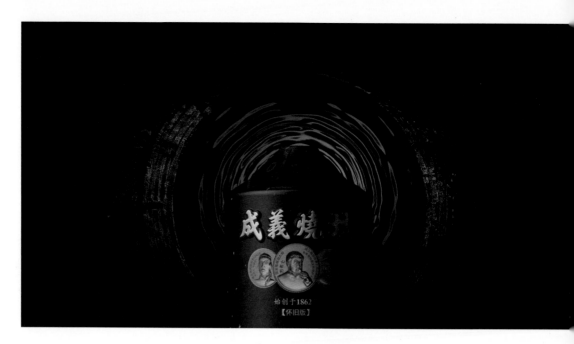

成义烧坊母品包装

符号创意机构翻阅大量历史资料，历经两年整理复原，决定延续成义烧坊历史经典视觉符号。溯源民国时期老包装进行再造设计，效果既保留传承图形元素，又留下当代再造设计的痕迹，再现历史记忆。将古今不同风格结合得淋漓尽致，这是传承百年品牌文化包装最好的体现。

瓶型设计上采取了老瓶型新工艺的方法，柱形陶瓷，瓶口低，小口径，平肩造型，瓶身呈圆柱形（俗称最老式茅形瓶）。

黑釉色撒金点配色为怀旧版，粉蓝色为现代再造版。盖顶上保留了大家熟悉的老式贴纸封口方式，体现手艺人的温度，同时加强历史传承记忆。瓶身斜挎飘带代表赤水河畔，联结古今。

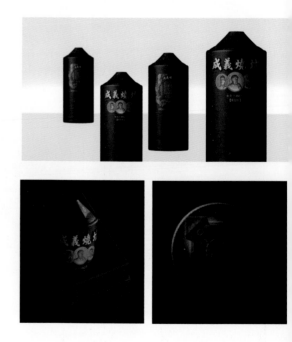

创意总监　吴传辉
执行总监　叶春艳
插画　　　杨道正
设计　　　吴传辉
效果　　　覃春雯

成义烧坊 酱酒本源

始于1862年

1915年荣获巴拿马万国博览会金奖

2020年隆重登场

符号创意机构·深圳

作为百年老品牌，品牌字体的溯源一定是根据当时的人文环境而产生的。穿越历史时空来到1862年清朝年间，在繁华的商业街里各种商号牌匾随处可见，而书写牌匾字体的人极为讲究，一般邀请名人雅士执笔书写，字体严谨端庄、厚重有力，老手艺牌匾制作师傅对于选木料、雕刻、打磨上色等工艺细节十分严格。为了复原百年老店的效果，设计参照了当时的牌匾字体进行设计，经过多次沟通、对比、严选直到满意，重要符号是传承中的重要部分，更是品牌资产。

成义烧坊酒（把茅台镇搬回家）1

老式木箱具有传统的韵味，黑色外盒代表历史传承，外观朴实、简洁、大气。铜锁透露神秘感，勾起人们的好奇心，当主人开启时，金碧辉煌的强烈反差，让人惊喜。8 斤黄铜铸造茅台镇地形沙盘，酒瓶从中脱颖而出，彰显贵气，是款收藏佳品。

华联辉系列酒包装 2

1857 年，一代孝子、四川泸州盐务总办华联辉为了满足母亲年轻时候喜欢喝酱香酒的心愿，历时 5 年在茅台镇的废墟上重建了一座酿酒烧坊。1862 年，影响后世的"成义烧坊"就此开创，成为第一间有"商号注册"的酿酒烧坊。1915 年，华联辉之子华之鸿携带"成义烧坊"所酿之酒"华茅酒"参加巴拿马万国博览会，一举获得金奖。

符号创意机构 · 深圳

作品分类索引

食品

唐饼家诞生礼 ···································· 9

味知香 ··· 13

鹤舞稻香 ······································· 13

汤达人"极味馆"煮面 ·························· 15

甘源"花の心子"品牌及系列包装 ············ 16

INABA Churu Fun Bites ······················ 17

House Tongari Corn 肉酱风味 ··············· 17

今麦郎刀削宽面 ······························· 24

双汇极菲牛排 ·································· 25

空刻意面 BIG 一份半 ························· 25

空刻意面 MINI 小食盒 ························ 25

淳巧巧克力蛋糕 ······························· 27

宏济堂桃小抹阿胶糕 ·························· 27

没事酪酪三角芝士脆 ·························· 27

小熊猫伴伴常温高钙奶酪棒 ·················· 27

五芳斋爆料饭团 ······························· 28

兴芮休闲肉制品 ······························· 29

双汇招牌拌面 ·································· 30

塞翁福元炁七日粥料 ·························· 31

塞翁福元气海鲜粥 ···························· 31

洽洽皂葵瓜子全系 ···························· 34

汤达人方便面全系 ···························· 55

茄皇意式番茄肉酱拌面 ······················ 35

益达雪融薄荷糖联名款 ······················ 42

Munchy's 夹心饼干 ·························· 43

四季宝风味复合调味酱 ······················ 43

酷幼婴幼儿食品 ······························· 44

万物发生新年礼盒 ···························· 50

东北大板经典雪糕 ···························· 50

味之素 天添鲜味精 ·························· 55

诺梵松露 ······································· 56

卤味觉醒鸡胸肉干 ···························· 57

金龙鱼地方风味面条 ·························· 60

金山硬红全麦粉 ······························· 61

正官庄原支参礼盒 ···························· 62

正官庄天参礼盒 ······························· 62

嘉华鲜花饼 ···································· 64

伊利酪酪杯 ···································· 66

统一 - 茄皇系列方便面 ······················ 72

白象 - 火锅面 ································· 73

白象 - 汤好喝 ································· 73

来伊份 - 咬果吧系列 ························· 74

味全高鲜 - 料理高手 ························· 85

天生好米 - 富里米系列 ······················ 86

天生好米 - 食在安心系列 ···················· 86

味全 - 健康厨房风味调味料 ·················· 87

味全 - 健康厨房烤肉酱 ······················ 87

味全高鲜 - 风味调味料 ······················ 87

吴宝春 冠军面包盒 ·························· 88

寓意中山 绿豆椪礼盒 ························· 88

不二糕饼系列礼盒 ···························· 88

好乐农庄 椿风满面茶油拌面礼盒 ············ 92

谢怡 心眸软糖 ······························· 93

六甲农会 米品牌系列 ························· 94

福成酱园 酿酱系列 ·························· 95

坚果酱君 礼盒组 ····························· 97

上好佳果酱 ···································· 98

宏亚新贵派 ···································· 99

星巴克礼盒 ···································· 99

呷什面品牌包装 ······························· 99

日正盒装调理粉丝系列·····················101

青的农场粉丝系列·······················101

龙厨调理粉丝系列·······················101

摩咔金可吸布丁·························104

马祖纳礼风味礼盒·······················106

卟呤卟呤 - 白色巧克力夹心酥················107

麦当劳全球包装系统·····················109

果蔬好罐装坚果系列包装···················116

果蔬好蛤蒌粽··························117

Kudson PERFECTLY IMPERFECT FRUIT·······123

MANTRA PLANT 植物性海鲜食品···········123

ABSOLUTE PLANT（绝对植物）············124

Vertigreens·························125

良品铺子····························129

NICE CREAM 奈似雪糕···················129

五芳斋 五芳竹锦·······················132

五芳斋 传世臻粽·······················133

Q 肌·······························135

晴意农农黑鸡蛋·······················136

吴月月饼····························138

开元月饼系列··························144

绿箭 - 草本含片糖 & 爆珠口香糖··············148

康师傅 - 燃魂拌面······················151

婴幼儿辅食粥··························152

胡庆余堂端午礼盒······················158

三只松鼠 零食礼盒······················159

灵如意 如意灵芝·······················163

椰语堂 椰乡果味雪花酥···················164

嘻螺会 - 干拌螺蛳粉·····················166

嘻螺会 - 鲜粉速泡螺蛳粉··················167

嘻螺会 - 加臭加辣加锅巴螺蛳粉··············167

藏地金稞生态礼盒······················168

金龙鱼小鲜米··························170

张飞有礼端午粽子礼盒····················171

生生酱园有机系列······················171

皇潮阁 中秋礼盒系列····················172

HIBAKE 中秋礼盒系列····················173

黄老五 端午礼盒系列····················173

庭方农业 - 阳光玫瑰·····················184

雨林的果 - 兜果子系列果干·················184

昆明冠生园 - 人民糕点厂··················185

阿盆姐过桥米线系列·····················186

小可喵儿冰淇淋························187

RAINFOREST HONEY 蜂蜜包装··············187

祥禾饽饽铺 - 时令系列糕点·················190

祥禾饽饽铺 - 零食系列糕点·················191

1820 姜蒜香醋·························195

森林木耳····························196

洽洽皇葵瓜籽··························198

齐齐牛油火锅底料······················198

雀巢鹰唛炼奶礼盒······················198

飞鹤茁然金装儿童奶粉····················199

鲁花花生油···························199

大国食安高油酸花生油····················200

大国食安龙米··························201

巴黎贝甜 端午节粽子礼盒··················206

谯姑娘 黑芝麻丸·······················209

约雄冰川藏 冬虫夏草礼盒··················209

大垮印象山茶油包装·····················210

赊店香黑芝麻石磨香油····················210

金鹿 75% 高油酸葵花籽油·················211

金沙河盛世名面························211

正红轻食包装系列······················211

满栗香 - 板栗系列······················214

高稞极 萌芽黑青稞粉系列··················215

茶圆月色····························216

赏心月明····························217

粽头戏·····························218

粽游记·····························219

今麦郎 - 拉面范 意大利面··················220

今麦郎 - 河南烩面···········221

三全 - 米食家···········221

白象 - 自然谷语···········222

可比克 - 花颜纯切···········222

银鹭好粥道···········228

明月松间月饼礼盒···········235

赋燕 燕窝···········239

和颜悦色 燕窝···········240

明月叁仟中秋礼盒···········241

朱西西五虎临门点心礼盒···········245

黄鹤楼樱花饼···········245

嘻螺会肥汁螺蛳粉···········248

陶小牛虾片···········248

笨耕 - 兴凯湖大米···········249

农夫日记女神杂粮粥···········251

老磨农酸奶果粒燕麦片···········254

老磨农代餐粉···········256

仓麦园特产面粉···········257

仓麦园高端特产面粉···········257

可比克···········259

深圳航空餐盒···········259

芯果味 坚果礼盒···········261

昆享 乐享每嗑···········262

草原红太阳 淀粉系列···········263

苏立得 风干牛肉···········264

西域果园每日坚果···········265

融耀河谷黄芩蜂蜜礼盒···········267

张金道蜂蜜系列···········269

克拉古斯帽子面···········271

嚼绊酸奶 1+N & 大嚼绊···········272

绿岭火猴烤核桃···········273

烩道 用食材调味食材···········273

一口闲果 爆汁桃条···········274

众山顺 草莓礼盒···········275

裹万象 卤味系列···········275

清荷香月 中秋月饼礼盒系列···········276

中秋六角蛋黄酥礼盒···········277

新希望 鲜诺奶粉···········279

奶酪计划 干酪酥酥零食包装···········279

和粤珍品 新会陈皮礼盒···········282

兴科源 枸杞礼盒···········283

广州酒家 × 王者荣耀联名年货礼盒···········284

欧包遇见茶 × 莲香楼联名月饼礼盒···········285

陶陶居系列月饼礼盒···········285

侨美酒家月饼礼盒···········285

广州酒家 - 广州礼物手信礼盒···········285

广州酒家系列端午礼盒···········286

张珍记 - 端午粽子礼盒···········287

希尔顿酒店 - 端午粽子礼盒···········287

保利洲际酒店 - 端午粽子礼盒···········287

铂燕鲜泡燕窝···········288

李子柒 "暗香俑动" 螺蛳粉···········289

李子柒嫦娥奔月礼盒···········289

李子柒红油面皮···········289

参敬堂···········291

李子柒梅兰竹菊月饼···········291

CHALI 茶里中秋礼盒···········297

MIGUO 觅菓···········300

F.SHARE 飞享家···········302

海狸先生···········303

真果粒 × 奥利奥联名礼盒···········305

蒙牛 爱氏晨曦有机奶酪棒···········305

王老吉刺梨酥吉祥礼盒···········306

广州酒家 × 中国航天 中秋礼盒···········306

广州酒家 × 可口可乐 中秋礼盒···········308

妙物宫廷 × 金燕耳 宫廷宴耳···········311

生态海盐···········332

墨鱼水饺···········333

轻卡能靓香肠···········333

对虾豆豉酱···········334

双汇 - 智趣多鳕鱼肠 · · · · · · · · · · 335

荣华流心燕窝味月饼 · · · · · · · · · 335

Cici888 的家宴 中秋礼盒 · · · · · · · 337

同仁老陈皮 · · · · · · · · · · · · · · 341

拉面范盒装 · · · · · · · · · · · · · · 359

拉面范袋装 · · · · · · · · · · · · · · 359

汤达人大大杯 · · · · · · · · · · · · · 361

开小灶 × 中国国家地理 · · · · · · · · 361

福花高级蛋糕粉 · · · · · · · · · · · · 362

鲁花荞麦面条 · · · · · · · · · · · · · 362

满汉大餐 · · · · · · · · · · · · · · · 363

鲁花 零添加酱油 · · · · · · · · · · · · 367

今麦郎 拉面范系列 · · · · · · · · · · · 372

天馥黑松露腊肠 · · · · · · · · · · · · 375

野山小村牌越光米 · · · · · · · · · · · 376

猫里奥 风味曲奇 · · · · · · · · · · · · 387

一飞冲天·巧克力 · · · · · · · · · · · · 390

丫丫 - 虾肉饼 · · · · · · · · · · · · · 392

潮巴爷 - 清爽虾片 · · · · · · · · · · · 393

麦语焙贝 - DIY 曲奇 · · · · · · · · · · 393

可若奇 - 圣诞巧克力 · · · · · · · · · · 394

云边野铺 - 5cm 羊肚菌 · · · · · · · · · 395

欣天宏 - 万谷归田大米 · · · · · · · · · 395

哲学之路黑巧克力 · · · · · · · · · · · 399

饮料

味全 严选牧场 · · · · · · · · · · · · · 11

空卡 · · · · · · · · · · · · · · · · · · 12

三得利"海底捞"联名 "旬の饮" · · · · · 14

统一"元气觉醒"果汁 · · · · · · · · · · 15

咖啡科技时代 极咖 · · · · · · · · · · · 20

今麦郎冰红茶 · · · · · · · · · · · · · 24

今麦郎天豹能量饮料 · · · · · · · · · · 25

和其正无糖凉茶 · · · · · · · · · · · · 26

三只松鼠气泡水 · · · · · · · · · · · · 26

恒大天然矿泉水 · · · · · · · · · · · · 26

恒大球球维生素能量饮料 · · · · · · · · 26

达利园 青梅绿茶饮品包装 · · · · · · · · 33

统一冰糖雪梨 · · · · · · · · · · · · · 36

阿萨姆水果奶茶 · · · · · · · · · · · · 36

茶里王 × 《印象大红袍》 · · · · · · · · 36

王老吉 × 王者荣耀 夏日王者系列 · · · · 37

绿色果源 · · · · · · · · · · · · · · · 38

航海王维生素饮料 · · · · · · · · · · · 39

舔盖小酸奶 · · · · · · · · · · · · · · 39

雀巢厚牛乳乳饮品 · · · · · · · · · · · 42

安佳轻醇风味酸奶 · · · · · · · · · · · 43

山饮云镜中秋礼盒 · · · · · · · · · · · 48

三得利 蜜香系列果味饮料 · · · · · · · · 54

三得利 水漾力电解质饮料 · · · · · · · · 54

三得利 沁桃水 / 沁葡水 · · · · · · · · · 54

延中 苏打水 · · · · · · · · · · · · · · 55

统一 雅哈老汽水 · · · · · · · · · · · · 66

Lemon11 · · · · · · · · · · · · · · · 66

雀巢咖啡 - 冷萃系列 · · · · · · · · · · 71

RIO - 清爽 · · · · · · · · · · · · · · 71

统一 - 双萃柠檬茶 · · · · · · · · · · · 74

RIO - 微醺春季限定版 · · · · · · · · · 75

RIO - 微醺系列 · · · · · · · · · · · · 75

RIO - 本榨系列 · · · · · · · · · · · · 75

老实农场冲泡式鲜果汁 · · · · · · · · · 90

呷茶够够 · · · · · · · · · · · · · · · 91

马祖小柒咖啡 滤挂式咖啡盒 · · · · · · 105

哆哩哆哩 - 轻乳酸风味饮料 · · · · · · 107

Blue Bottle Coffee 蓝瓶咖啡 · · · · · 108

农夫山泉 · · · · · · · · · · · · · · · 111

果蔬好精品挂耳咖啡··············114

DR.D Glowbiotic··············125

Freshy Syrup··············126

RAVE 能量饮料··············126

EDGE 矿泉水··············127

VAVA 矿泉水··············127

ELECTROX 运动饮料··············129

泡果趣果汁饮料··············130

圆点鲜活娟姗牛奶··············131

认养一头牛··············134

安慕希 - 有汽儿气泡风味发酵乳··············146

伊刻 - 活泉定时盖··············147

王老吉 - 山茶花风味凉茶··············149

得益 - 臻优 A2β- 酪蛋白鲜牛奶··············150

长白雪 - 天然雪山矿泉水··············155

东方树叶 - 黑乌龙··············157

椰语堂 海盐柠檬椰子水··············165

椰语堂 藜麦椰奶清补凉··············165

凡山天然苏打水··············169

优活家低糖大麦茶··············194

优活家无糖大麦茶··············194

优活家胡萝卜汁··············195

锌益母婴饮用水··············195

江南贡泉山泉水··············195

UP!G 沙棘果汁··············197

雀巢超大杯咖啡··············198

雀巢黑咖 100 天··············199

参王谷红参饮品··············200

君乐宝 - 小小鲁班··············222

银鹭无糖茶··············229

我爱汉水湿地之城系列··············246

卡拉宝能量风味饮料··············254

锦江泉天然饮用水··············255

漫步猫坚果乳植物蛋白饮料··············255

弥醒酸奶系列··············268

养养水植物饮料··············271

新希望 活润酸奶··············278

如乐派醒醒瓶··············298

圣牧有机纯牛奶··············304

燕塘牛奶中秋包装··············304

真果粒牛奶饮品··············305

新养道 0 乳糖牛奶··············306

东鹏 0 糖特饮包装··············308

东鹏由柑汁包装··············308

今麦郎饮品··············317

今麦郎系列饮料··············324

野岭酵素茶··············326

认养一头牛 冷藏牛乳··············354

茶粹··············358

神仙泉 巴马天然矿泉水··············366

露露 巴旦木巧克力奶··············366

今麦郎 今矿··············368

凉白开风生水起系列··············370

瑞幸椰云拿铁··············371

瑞幸花魁 5.0··············373

金典鲜牛奶··············380

每益添小白乳··············381

Qian's Gift Hpp 有机胡萝卜汁··············382

小植大养··············383

可口可乐 亚太地区兔年特别款··············385

时代精神咖啡工厂博物馆··············396

酒

SAPPORO Five Star 啤酒··············17

五粮液 一醉轻王侯 限量白酒包装··············33

好酒缘 - 九粮酿白酒··············40

石海洞天 - 喜酒 · · · · · · · · · · · · · · · · · 41

毛铺 小荞酒 · · · · · · · · · · · · · · · · · 55

欧丽薇兰 · · · · · · · · · · · · · · · · · 66

法兰多谷 · · · · · · · · · · · · · · · · · 69

老酋长 苏格兰威士忌圆罐 · · · · · · · · · · · 89

刺明珠 山海礼盒 · · · · · · · · · · · · · · · 93

牛乳石碱茶酒礼盒 · · · · · · · · · · · · · · 102

八八坑道 × 老夫子联名款 · · · · · · · · · · · 103

伯莱堡精酿啤酒 1L 装 · · · · · · · · · · · · 103

Original Malt 雪花原汁麦 · · · · · · · · · · · 112

雪花 全麦纯生 · · · · · · · · · · · · · · · · 113

格兰威特 · · · · · · · · · · · · · · · · · 118

格兰威特 奢创高年份系列 · · · · · · · · · · · 119

格兰威特 秘密蒸馏 · · · · · · · · · · · · · 119

格兰威特 三桶系列 · · · · · · · · · · · · · 119

格兰威特 酪光 · · · · · · · · · · · · · · · 119

劲牌 养生一号 · · · · · · · · · · · · · · · 120

索查龙舌兰预调酒 · · · · · · · · · · · · · 121

恣逍遥 - 醉宋韵酒 · · · · · · · · · · · · · 160

黄帝内经 迪拜世博纪念酒 · · · · · · · · · · · 161

黄帝内经 良渚文化酒 · · · · · · · · · · · · 162

侠客熊猫酒 · · · · · · · · · · · · · · · · 169

汉光酒 · · · · · · · · · · · · · · · · · · 170

宜天特曲酒 · · · · · · · · · · · · · · · · 175

金质文君 1988 · · · · · · · · · · · · · · · 178

小文君情怀装 · · · · · · · · · · · · · · · 178

剑南春 曼城冠军纪念酒 · · · · · · · · · · · 179

衡昌烧坊 经典装 · · · · · · · · · · · · · · 180

水井坊 臻酿八号 · · · · · · · · · · · · · · 181

钓鱼台 云门锦翠 · · · · · · · · · · · · · · 181

KERLOSO 红酒包装 · · · · · · · · · · · · · 188

玛丽·雪莱 贵腐酒 · · · · · · · · · · · · · 189

TALOSKY 威士忌 · · · · · · · · · · · · · · 192

光义烧坊酱酒 · · · · · · · · · · · · · · · 192

拉古娜啤酒 · · · · · · · · · · · · · · · · 193

TALOSKY 调和威士忌 · · · · · · · · · · · · 193

兰德尔啤酒 · · · · · · · · · · · · · · · · 194

老马号酒 · · · · · · · · · · · · · · · · · 213

郦道元酒 · · · · · · · · · · · · · · · · · 213

巴乡清酒 · · · · · · · · · · · · · · · · · 213

RIO 清爽系列 · · · · · · · · · · · · · · · 227

金龙泉言值纯生啤酒 · · · · · · · · · · · · 244

金龙泉啤酒 - 扎啤 · · · · · · · · · · · · · 244

青岛啤酒 - 清爽 9° · · · · · · · · · · · · · 245

金龙泉啤酒 - 伴手礼盒 · · · · · · · · · · · 245

帕竹冰酒 3716 · · · · · · · · · · · · · · · 246

帕竹冰纯 3716 · · · · · · · · · · · · · · · 247

上海贵酒 16 代兔年限定 · · · · · · · · · · · 247

物归物野兽系列蓝莓酒 · · · · · · · · · · · 250

户里黄酒 · · · · · · · · · · · · · · · · · 258

WFC 葡萄酒 · · · · · · · · · · · · · · · · 258

原歌酒庄 山川岩系列葡萄酒 · · · · · · · · · 260

班超浓香型白酒 · · · · · · · · · · · · · · 266

"百万玫瑰"葡萄酒 · · · · · · · · · · · · · 266

九龙山酒业 - 千嶂 · · · · · · · · · · · · · 294

黔酒股份 - 千秋韵 · · · · · · · · · · · · · 294

镖族酒业 - 镖皇 · · · · · · · · · · · · · · 295

君丰酒业 - 永黔 · · · · · · · · · · · · · · 295

企鹅走路铝罐系列 · · · · · · · · · · · · · 299

三十寻一味 兔年限定版白酒 · · · · · · · · · 309

水井坊 · · · · · · · · · · · · · · · · · · 315

贵州习酒 · · · · · · · · · · · · · · · · · 316

摘要 - 匠师版 · · · · · · · · · · · · · · · 318

今世缘 - 国缘 · · · · · · · · · · · · · · · 319

X-ALCOHOL 百变酒精 · · · · · · · · · · · · 325

天之蓝 · · · · · · · · · · · · · · · · · · 326

大黄狗 · · · · · · · · · · · · · · · · · · 326

国窖 1573 澳网冠军版 · · · · · · · · · · · · 327

洋河 M6+ 航天小酒礼盒 · · · · · · · · · · · 327

水井坊 典藏 · · · · · · · · · · · · · · · · 327

剑南春 南极之心 ································ 327

张裕 - 瑞那 ································ 328

JOJO 气泡酒 ································ 328

迎驾贡酒 - 大师版 ································ 328

泸州老窖 - 国窖 1573 ································ 328

头号种子 白酒玩家 ································ 329

高光 ································ 329

泸州老窖 - 茗酿萃绿 ································ 329

酷客金樽 耘系列 ································ 330

张裕 迷霓 X-lab ································ 330

国窖 1573 天坛 - 孟春祈谷 ································ 330

梦之蓝 M6+ ································ 330

钓鱼台 - 盛事丝路 ································ 331

韩井 ································ 331

金种子 - 馥合香 ································ 331

口子窖 "兼" 系列 ································ 331

西凤酒 - 丝路情 ································ 338

豫州酱酒 ································ 340

释心堂 - 柳叶湖 ································ 341

释心堂 - 坛储 ································ 343

玉鸽 - 宋彩 ································ 344

酒鬼酒 - 行者无疆 ································ 345

可雅兔年生肖酒 ································ 346

FJQ ································ 347

辞典 ································ 348

花间序 青梅酒 ································ 349

王朝年华葡萄酒 ································ 350

华台酱酒 ································ 351

国仙 ································ 352

泸州老窖黑盖 兔年献礼版 ································ 353

贻井坊匠艺 ································ 354

亦洲 ································ 355

汾酒 53 度 ································ 372

醴道纯米酒 ································ 374

善池 "百善款" 白酒包装 ································ 379

尊尼获加 情出于蓝 ································ 384

镇龙泉 天地无极 乾坤借法 ································ 391

成义烧坊年份酒 ································ 401

成义烧坊母品包装 ································ 402

成义烧坊酒（把茅台镇搬回家）································ 404

华联辉系列酒包装 ································ 404

美妆洗护

花戎 FLORAL AND FIRM ································ 2

可糖 CoFANCY ································ 3

东边野兽 herbeast ································ 4

TOUCH&BEYOND 拓趣 ································ 5

aesthesis 觉 ································ 6

可复美 ································ 7

Mandam（漫丹）Animagus 彩绘笔 ································ 16

Circle Moisture 韩国美瞳彩片 ································ 41

醉红楼彩瞳 ································ 45

冷酸灵猫爪刷 ································ 47

卫康四大美人礼盒 ································ 49

云南白药系列牙刷 ································ 51

正章洗护包装 ································ 52

SHREDA 诠润 ································ 53

狮王 趣净泡沫洗手液 ································ 55

佰草集双石斛 PR 礼盒 ································ 63

ShinkoQ ································ 65

怡兰葆 illombo ································ 82

Je Dare - Skincare ································ 84

珐佳娜燕窝系列 ································ 91

多芬头发养护系列 ································ 121

多芬可替换装沐浴乳 ································ 121

RADOX ································ 121

DEMI BAI 护手霜 · · · · · · · · · · · · · · · 128

SELF LINE 素线 · · · · · · · · · · · · · · · · 137

花西子（彩妆） · · · · · · · · · · · · · · · · · 142

果本（护肤） · · · · · · · · · · · · · · · · · · 143

米兰日记 - 睫毛包装 · · · · · · · · · · · · · · 157

化妆品创意互动包装 · · · · · · · · · · · · · · 256

三金西瓜霜漱口水 · · · · · · · · · · · · · · · 271

秒研方 护肤品 · · · · · · · · · · · · · · · · · 336

卡姿兰 千金口红 · · · · · · · · · · · · · · · · 373

茶

徽茶集团 · 20

八方野 · 21

茶博府 · 21

千道湾 · 22

诸暨石茶 · 22

宁清茶 · 23

千山名茶 · 23

神秘谷湘西黄金茶 · · · · · · · · · · · · · · · 46

T9 金色伯爵红茶 · · · · · · · · · · · · · · · · 58

啜品 - 老挝 春茶包装 · · · · · · · · · · · · · · 69

邮政惠农 × 丝路茶驿 老铁礼盒 · · · · · · · · · · 76

邮政惠农 × 丝路茶驿 五福临门礼盒 · · · · · · · · 77

邮政惠农 × 丝路茶驿 安溪铁观音（清香型） · · · · · 78

邮政惠农 × 丝路茶驿 安溪铁观音（浓香型） · · · · · 79

林韵茶园 · 95

东大茶庄礼盒 · · · · · · · · · · · · · · · · · · 96

竹山镇农会 新品种乌龙茶 · · · · · · · · · · · · 96

绿光茶园茶 · · · · · · · · · · · · · · · · · · · 98

吉泰龙西湖龙井 · · · · · · · · · · · · · · · · · 138

苹果苦荞茶 · · · · · · · · · · · · · · · · · · · 174

松风蟹眼茶礼包装 · · · · · · · · · · · · · · · 175

霸茶 金玉天 · · · · · · · · · · · · · · · · · · 182

霸茶 2022 壬寅年生肖茶 · · · · · · · · · · · · 182

霸茶 古树标杆 · · · · · · · · · · · · · · · · · 183

下关沱茶 红印沱茶 · · · · · · · · · · · · · · · 183

中茶 绿茶全系产品 · · · · · · · · · · · · · · · 204

中茶 千山系列 · · · · · · · · · · · · · · · · · 205

千字号茶叶 · · · · · · · · · · · · · · · · · · · 210

天台芽 - 天台万年山茶 · · · · · · · · · · · · · 212

九年老白茶 · · · · · · · · · · · · · · · · · · · 212

三千福茶 · 223

小真罐茶叶包装 · · · · · · · · · · · · · · · · · 224

三千茶业 10 周年纪念茶 · · · · · · · · · · · · · 225

雅茶小方玺 · · · · · · · · · · · · · · · · · · · 230

双陈老金标 · · · · · · · · · · · · · · · · · · · 231

小提茶 小金条 · · · · · · · · · · · · · · · · · 232

白大师 闷享乐 · · · · · · · · · · · · · · · · · 232

丹心可鉴 · 233

康来颜 金砖白茶 · · · · · · · · · · · · · · · · 233

万象生 - 悟道禅茶 · · · · · · · · · · · · · · · 234

夷叶茗丛 - 鹤魁 · · · · · · · · · · · · · · · · 236

夷叶茗丛 - 乾坤 · · · · · · · · · · · · · · · · 237

沙豌茶业 - 沙煌 · · · · · · · · · · · · · · · · 238

绿雪芽岚（福鼎白茶） · · · · · · · · · · · · · · 242

正山堂 正山小种 · · · · · · · · · · · · · · · · 243

瑞泉十二代（武夷岩茶） · · · · · · · · · · · · · 243

白岩白茶 · 252

茯满贯 茯茶 · · · · · · · · · · · · · · · · · · 253

天禄二号 陈皮柑茶包装 · · · · · · · · · · · · · 281

壹沁润 翠玲珑新会陈皮 · · · · · · · · · · · · · 281

泓达堂 金白柑白茶礼盒 · · · · · · · · · · · · · 281

新宝堂 陈皮和茶包装 · · · · · · · · · · · · · · 283

和粤珍品 柑茶铁罐包装 · · · · · · · · · · · · · 283

贡润祥 - 金瓜茶膏礼盒 · · · · · · · · · · · · · 287

蓝吉茶业 - 红茶包装 · · · · · · · · · · · · · · 292

金砂红 - 红茶包装 · · · · · · · · · · · · · · · · · 293

CHALI 茶里虎年礼盒 · · · · · · · · · · · · · · 296

八马茶业 君子雅集茶叶礼盒 · · · · · · · · 310

T HOUSE TIME · · · · · · · · · · · · · · · · · · · 329

绿雪芽 - 龙启宏图 · · · · · · · · · · · · · · · · · 342

竹叶青袋装茶 · 356

竹叶青罐装茶 · 357

八马福虎生风 · 360

八马美满茶礼 · 364

八马旭日东升茶礼 · · · · · · · · · · · · · · · · · 364

八马大展宏兔 · 365

八马碧螺春 · 365

有书有茶 - "阅"来"阅"好 · · · · · · · · · · · · 377

白沙溪 - 三五知己茶 · · · · · · · · · · · · · · · 394

The Tea Tips Bag 小贴士茶包 · · · · · · · 398

自有品牌

麦田月光曲 中秋月饼礼盒 · · · · · · · · · · · · 18

司南问道 端午粽子礼盒 · · · · · · · · · · · · · · 19

稻城 × 逆水寒皮洛手斧盲盒 · · · · · · · · · · 32

香气游园会 · 59

桃原十大精品礼盒 · · · · · · · · · · · · · · · · · · 97

好物疆至 2022 Gift · · · · · · · · · · · · · · · · 176

作物生长 牛皮纸袋种植套装 · · · · · · · · · 202

作物生长 七彩系列种植套装 · · · · · · · · · 203

作物生长 儿童系列种植体验套装 · · · · · 203

雄安德韵博物馆 · · · · · · · · · · · · · · · · · · · 212

臻藏升运猛犸牙雕 · · · · · · · · · · · · · · · · · 272

DISNEY - 月饼 / 年货 / 茶叶礼盒 · · · · · · 284

魂之草幸斛中国礼盒 · · · · · · · · · · · · · · · 290

魂之草霍山石斛晶粉 · · · · · · · · · · · · · · · 290

魂之草霍斛寸金 · · · · · · · · · · · · · · · · · · · 290

yoose 有色 · 320

QQ 浏览器 × 百草味 × 阅文集团《书味阁》· · · · · · · 363

其他

Unifree · 8

VIRJOY 生活用纸 · · · · · · · · · · · · · · · · · · · 9

本周内内 · 10

轻简 · 10

honeycare 宠物清洁 · · · · · · · · · · · · · · · · 11

COCOYO 宠物用品 · · · · · · · · · · · · · · · · 11

Unifree 湿厕纸 · 12

清风 Hello · 12

任性袋鼠 纸尿裤 · · · · · · · · · · · · · · · · · · · 13

达意绵柔亲肤纸 · · · · · · · · · · · · · · · · · · · 31

三棵树冬奥纪念金罐 · · · · · · · · · · · · · · · · 37

玛氏希宝生骨肉冻干 · · · · · · · · · · · · · · · · 43

冷酸灵福运流彩新年礼盒 · · · · · · · · · · · · 47

山饮云镜中秋礼盒 · · · · · · · · · · · · · · · · · 48

京东"双 12"爱宠礼盒 · · · · · · · · · · · · · · · 51

花王 乐而雅卫生巾系列 · · · · · · · · · · · · · 67

DAISO 常规商品系列 · · · · · · · · · · · · · · · 67

卢家世代钧窑 · 68

粹参牌人参胶囊 · · · · · · · · · · · · · · · · · · · 70

三棵树 艺术涂料 · · · · · · · · · · · · · · · · · · · 80

三棵树 森选系列 · · · · · · · · · · · · · · · · · · · 81

imos - 手机保护系列 · · · · · · · · · · · · · · · 85

文华东方 中秋珠宝盒 · · · · · · · · · · · · · · · 89

YUVOG 妤果 · 90

艾美森 能量微粒 · · · · · · · · · · · · · · · · · · · 97

大富翁中秋礼盒··········100

团圆麻将组 升级 2.0 版·······100

Coppertone 防晒品牌·······110

壳牌喜力··············121

B.O.CAL 钙质补充剂·······122

二元物种·············129

心相印···············135

优全生活·············135

咔咔玛虎年奥运梦·······139

骆驼丝绸之路洗脸巾·······139

KAKAMA 咔兔宝贝········140

核酸棒洗脸巾··········140

KAKAMA 孔雀纳福········141

Zippo 之宝 打火机········145

999 - 温胃舒颗粒········150

樱桃爸爸 深海探险家系列纸尿裤·····153

民生小金维他 - 维生素家族·····156

民生 21 金维他倍 +·······156

宋霁沉香礼盒··········200

水非水眼舒冷敷贴········201

凯洛诗 水晶杯礼盒·······207

农夫山泉 长白雪水卡礼盒·····208

FOUSU 肤素 CC 袜········270

禾素时代 抗菌袜········272

森舍 科学养宠 自然宠爱······273

两小无猜 宠物食品包装······280

亲宝宝纸尿裤··········301

哈药健康 营养补充剂·······307

立白 氨基酸泡沫洗洁精······307

ABC 花型护理液········307

W-KID 稳健童鞋包装······312

MOHANII 墨晗摩登城市香水·····313

EZILIVIN 小伊室集·······321

LEFANT 乐帆 N1 扫地机器人·····322

PICK FUN 宠物短视频制造机·····323

Li Breathe 卫生巾·······336

零跑汽车 衍生品礼盒·······337

皇姿宠物食品 猫粮包装······337

宝宝树··············386

爱舒柔··············387

波斯猫··············388

丽邦··············389

满足客户需求
争创行业一流

东莞市容辰制罐有限公司是一家专业的马口铁杂罐生产厂家，地处中国制造业中心东莞市凤岗镇，毗邻深圳、中国香港，交通便利。目前在使用的主厂区及分厂共有 60000 多平方米，配备模具自动化加工中心及多条印刷铁罐生产线，生产能力可达每年 1 亿多罐。

容辰自 2008 年成立伊始，坚持负责、进取的价值观，致力于创建一个优秀、卓越的制罐企业。现已通过 SEDEX、ISO9001:2015、BRC、SCAN 等诸多认证，且通过联合利华、迪士尼等知名品牌的验厂。目前公司拥有一支 600 多人的专业化团队，现有管理人员 80 多人、模具开发及维护人员 50 多人、自动化设备开发人员 40 多人、品质团队 20 多人、各种熟练工人 400 余人，容辰正逐步打造一个专业务实、积极向上、团结合作的员工队伍。

专注印铁制罐 · 助力品牌提升
设计生产高品质马口铁包装制品

- ▶ 2008 年，东莞市容辰制罐有限公司开始组建。

- ▶ 2010 年，通过"ISO9001:2008"国际质量管理体系认证。

- ▶ 2011 年，成为业内制定自己企业标准（金属包装罐）的公司。

- ▶ 2013 年，顺利通过了 SEDEX 认证，并且引入 ERP 企业管理系统。

- ▶ 2015 年，成立二分厂，配备 10 万级标准无尘车间，通过英国 BRC 认证。

- ▶ 2016 年，自主产权的容辰工业园破土动工。

- ▶ 2017 年，在东莞投资兴办的印铁厂开始运营。

- ▶ 2018 年，获得迪士尼（Disney）授权，并且取得美国 SCAN 认证。

- ▶ 2019 年，4 万多平方米的容辰工业园，以及配套的 30 万级标准无尘车间正式投产。

东莞市容辰制罐有限公司
地址：广东省东莞市凤岗镇碧湖路 26 号容辰工业园
电话：0769 - 82627266 18928279786
传真：0769 - 81155866
邮箱：sales@t-star2008.com
网址：www.t-star2008.com

群居和一
乐而不厌
包举宇内
装点一新

QUNLE
PKGS

WWW.TOP-QUNLE.COM

群乐包装
QUNLE PKG.
手机 / 微信：18058100070

诚德科技
CHENGDE

从设计到生产的一站式包装数字印刷服务中心

一天取样
三天出成品

可配合Chat-GPT实现人工智能，
设计到产品落地仅有一步之遥。

ChatGPT

多品种/小批量/
订单市场促销

01	02	03	04	05	06	07	08
创意	设计	mockup打样	HP indigo 数字印刷	大货	二次包装	渠道配送	消费者

3D&虚拟现实

mockup/包装选型/
广告拍摄/备案……

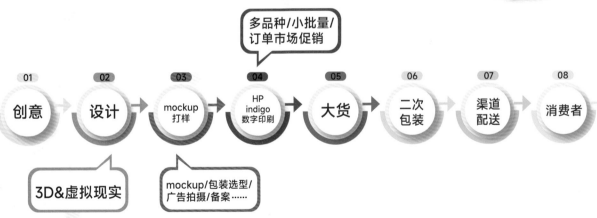

与品牌商
签订"数字印刷战略服务合作协议"的
优惠活动，快速推动产品市场营销策略

联系方式：吴双全 13566129518（微信同号）

上海彩金包装科技股份有限公司

主营：精品礼盒 / 卡盒 / 各类纸质包装

上海市闵行区虹梅南路 3509 弄 298 号 B6、B7 栋
唐小姐 13901643674
瑶小姐 13817458877
www.colorgold.cn

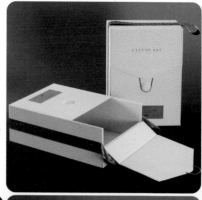

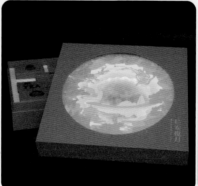

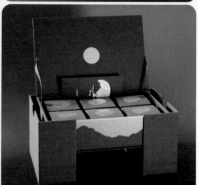

ART
PACKING
PAPER

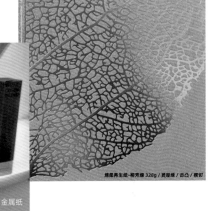

注：壹级卡

注：草本纸 金属纸

烧蜜再生纸-裸芳绿 328g / 瓷晶绿 / 击凸 / 模切

→ 九州方圆纸业成立于 2001 年，是一家集艺术纸研发、生产、加工、贸易于一体的专业机构，全国有十几家分公司，公司在广东、贵州设有艺术纸加工厂与仓储物流基地。

→ 公司在广东和贵州的生产基地，拥有大型生产线 20 余条，年产量 7 万余吨，产品涵盖了 80 多个系列 6000 多个品种。公司现有员工 600 余人，建立了完善的研发团队和销售网络。

→ "方圆有度，行方智圆。"九州方圆纸业全体员工秉承"以人为贵，以客为尊"的宗旨，愿同广大设计师、商业印刷界、精品包装界、出版界等朋友携手共创美好的明天。

手机 / 微信：13761587346
www.jzfypaper.com

注：壹级卡

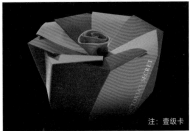

注：壹级卡

注：纸颜星语 金属纸 流金色卡

JIU ZHOU
FANG YUAN
PAPER CO.,LTD
九州方圆纸业有限公司

极食摄影 GREATEST FOODS

专注
食品摄影

包装拍摄
电商拍摄
KV主题拍摄

李贤鑫

十年以上包装摄影经验
国内多家广告设计公司摄影合作伙伴

食品造型＋广告级后期
产品摄影，包含采购、制作、造型
全程服务非常规的烹饪手段

联系方式

15800884472 ／ cony
18602152529 ／ 李贤鑫

在微信中搜索"极食摄影"，添加公众号互动

合作客户

纯粹
CHUNCUI

果之恋
GUOZHILIAN

中秋礼盒拍摄
来伊份LYFEN

一鸣粽子
MINGZONGZI

白象包装
BAIXIANGBAOZHUANG

创意拍摄
CHUANGYIPAISHE

沙发猫
SHAFAMAO

怡芽包装
YIYABAOZHUANG

来伊份LYFEN 青团KV拍摄

津铺子
JINPUZI

延鹏影像摄影有限公司

电话：13923985514　　　联系人：陈先生
地址：深圳市龙华区明治街道龙光玖钻 5C 栋 31
　　　汕头市龙湖区泰山路长和街 58 号欧贝儿大厦 701

延鹏影像

美食摄影｜产品摄影｜电商定位创意摄影

梵智品牌咨询
行业头部品牌背后的推动者
专注零售品牌创意咨询

精丽制罐
JINGLI CAN

我们是一家精品铁盒包装整套解决方案供应商。我们在概念模型、模具制作、图案印刷、成品打样到制罐成型、品质控制等拥有全产业链的服务团队。

我们有 20 多年专注于制罐的经验，产品服务于众多全球知名高端品牌，覆盖食品、化妆品、医药保健品、烟草、礼品、日用品、电子产品等类别。我们致力于以创新设计打造品牌 IP，以高品质包装成就产品价值。

联系人： 邓钰婷 Katy
手　机： 18819080003
邮　箱： sales19@tinbox.cn
网　址： www.tinbox.cn
地　址： 广东省东莞市石排镇赤坎厂区北一路

塞翁福 ®
专注菌菇杂粮膳食

品牌创建于2005年
国家农业产业化重点龙头企业

【三松于2005年为上海塞翁福从0到1地创建了主品牌】

塞翁福家
马嘿嘿

梨花猫 ®
专注优质梨膏产品

品牌创建于2017年
连续多年全网梨膏热销品牌

【三松于2017年为安徽梨多宝从0到1地创建了产品品牌】

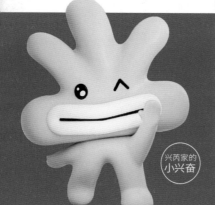

兴芮家的
小兴奋

清美
Tramy ®
豆制品全产业链

英文品牌创建于2008年
中国大规模豆制品企业

【三松于2008年为上海清美集团创建了英文品牌】

美萌战士
梨花猫

大牧汗 ®
地道内蒙草原牛羊肉

品牌创建于2013年
中国冷冻牛羊肉连年畅销品牌

【三松于2013年为上海大牧汗从0到1地创建了主品牌】

三松 25年

品牌IP化营销创意
25年专注大快消 / 大食品领域

三松使命/方法

用元力IP创建知名品牌
用广为人知的元力IP赋能名牌的创建
（品效合一：提升绩效+降低成本+积累资产）

三松核心服务

对位战略 / 品类赛道 / 产品力创新
IP化品牌战略 / 品牌化包装战略

三松联络方式
TEL：191 0176 8098
www.sunsonchina.com

公众号：三松IP化营销 | 视频号：桂旺松-品牌IP战略

五芳斋 ®
WU FANG ZHAI
爆料饭团

品牌创建于2021年
中华经典菜肴饭团新贵品牌

【三松于2021年为五芳斋从0到1地创建了饭团产品品牌】

双汇家的
魔法狮

喔喔家的
黄小槑

你好鸭！®
一只惊奇的鸭子

品牌创建于2015年
中国潮趣鸭卤新锐连锁品牌/600+店

【三松于2008年为江苏五香居创建了休闲卤味品牌】

一只惊奇的
你好鸭

暖暖日记 ®
少女花妍卫生巾
宛西制药

品牌创建于2010年
中国草本抑菌卫生巾先行品牌

【三松于2010年为上海月月舒创建了卫生巾产品品牌】

🌀 金荣翔 丨 设计研发中心

金荣翔——包装创造价值，包装成就您的"品牌之美"

·包装设计+制作五星级企业

·中国之星

·亚洲（APD）优秀设计奖

·世界之星金奖

·中国包装30年
设计事业创新机构

·莫比产品包装金奖

三工位自动烫金热压模切机

3D数字冷烫增效

印刷车间

全自动制盒车间

触之美

"Tangible & Intangible"

包装，美感接触的开始！

JIH SUN PAPER
SINCE 1998

日皓造纸工业股份有限公司
久元泰贸易（北京）有限公司
TEL: 010-59717505 / 010-59719015

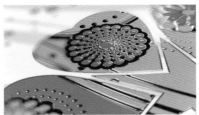

TIANOU PRINTING
天偶印务

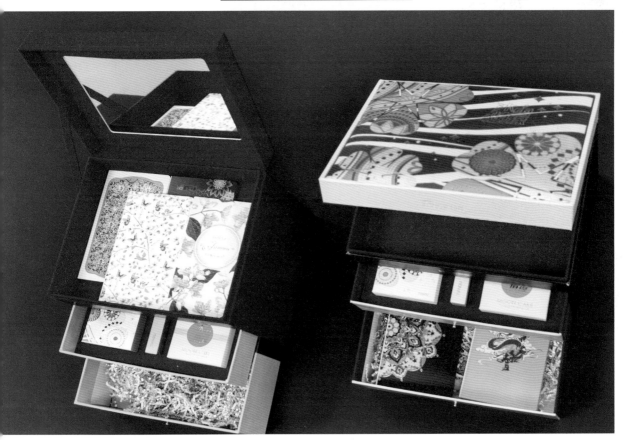

上海天偶图文印务有限公司

擅长：3D数码烫金、3DUV

上海市普陀区同普路1175弄2号

36 0161 9146

39 1866 2000

ewtianou@163.com

公司有以色列产对开视高迪一台，法国对开及全幅 MGI 机器各一台，专注 3D 数码增效工艺。产品主要涉及高端礼盒、红包、对联、贺卡，行业涉及化妆品、婚庆、烟酒、茶叶、保健品等，有幸为年鉴腰封制作数码增效，将美好的视觉与触觉效果为您呈现！